这样装修最有数

懂流程、会计划、巧省钱

周传林◎编著

ZHE YANG
ZHUANG XIU
ZUI YOU SHU

当代世界出版社

图书在版编目（CIP）数据

这样装修最有数 / 周传林编著 .—北京：当代世界出版社，2015.1

ISBN 978-7-5090-0992-5

Ⅰ. ①这… Ⅱ. ①周… Ⅲ. ①住宅－室内装修－基本知识 Ⅳ. ① TU767

中国版本图书馆 CIP 数据核字（2014）第 235283 号

这样装修最有数

作　　者：周传林
出版发行：当代世界出版社
地　　址：北京市复兴路 4 号（100860）
网　　址：http://www.worldpress.org.cn
编务电话：（010）83908456
发行电话：（010）83908455
（010）83908409
（010）83908377
（010）83908423（邮购）
（010）83908410（传真）
经　　销：新华书店
印　　刷：三河市祥达印刷包装有限公司
开　　本：710mm × 1000mm　1/16
印　　张：16.75
字　　数：230 千字
版　　次：2015 年 1 月第 1 版
印　　次：2015 年 1 月第 1 次
书　　号：ISBN 978-7-5090-0992-5
定　　价：35.00 元

ZHE YANG
ZHUANG XIU ZUI YOU SHU

前言

人的一生有多半时间是在家里度过的，家居关系到我们每一个人的生活品质。拥有一个温馨、舒适的家，对所有的人来说都有着特别的意义。俗话说，安居才能乐业。那么，如何才能安好自己的居呢？买了房，并不意味着一步到位地安好了居。事实上，这只是安居的第一步。随后的装修绝对是不容忽视的一大重点问题。

家庭装修因一次性投资大而备受业主重视，人们都希望自家的房子装修得既美观又舒适，让每一分钱都花得值得。但是，对大多数人来说，家庭装修都是头一次，既无经验，也无教训，因而难免纠结。大部分人在装修认识上存在不少误区，其中最为普遍的是，材料越贵越好，装修公司越有名越好，以为只有采用昂贵材料、聘用高级装修人员，才能保证新居装修好。其实未必。家是我们居住的场所，是我们放松身心的地方，装修的根本目的是为居住者创造一个实用、舒适的生活空间，一进去就有家的感觉。有家的感觉似乎很平常、很一般，但这恰恰是我们最基本、最重要的生活要求。因此，家庭装修应该以实用和舒适为首要原则，并在美观的基础上呈现出一定的生活情趣和文化品位，这样的装修才是最好的装修。

要想装出最满意的家，你可以不需要懂得家庭装修的专业技术知识以及如何具体使用每种装修材料，但是，作为购买房屋后的又一费时、费钱工程，你一定要了解家庭装修中自己将要面对的种种情况，要能根据自己家的工程情况做出采购清单，注明注意事项和自己的预算。只有这样，你才能在家庭装修中做到心里有数。为了帮助想要装修的朋友们少走弯路，并能轻松、满意地实现自己的愿望和想法，我们精心编著了这本《这样装修最有数》。

本书以装修工程的进度流程为基础，从装修准备到装修设计；从材料选择到装修施工；从细节管理到工程验收；从后期装饰到防污治污等，详细介绍了整个家装过程中你最想了解的内容及细节。如果说装修是一个流程，那么本书就是一个精雕细琢的流程图。从“入口”到“出口”，一路走来，都为你做好最明确的标示，沿着它走下去，就会有一个完美的结果。

家是我们永远的归宿。相信本书能为你指点迷津，让你少走弯路、少受损失，在你的预算内装出一个最令你满意的家。

ZHE YANG ZHUANG XIU ZUI YOU SHU

目录

有过装修经验的人都知道，装修是个遗憾工程，费时费力不用说，更重要的是花了不少钱却没有达到预期的装修效果。特别是第一次购房装修的人，装修前如何收房、怎么装修、装饰市场行情如何、需要多少费用等，恐怕多数人心里没有数也更没有底。因此，要想利用有限的银子达到满意的装修效果，在没有动工之前一定得好好谋划一下，多听听专家或有经验者的意见，做好多种准备，务必将遗憾挡在门外。

第一章
充分准备：装修前必做的功课 // 001

仔细验收，为装修做好准备 // 003
验房时需要带的工具 // 006
新房验收的八个关键点 // 008
收楼验房常见的六大问题 // 011

不可不知的家装常识 // 013
基本原则 // 013

四个档次 // 015
基本流程 // 016
开始装修的准备工作 // 020
家装方式的选择 // 021
家装最容易出现的七个误区 // 024

学会和家装公司打交道 // 026
如何选择好的装修公司 // 026
洽谈中需要掌握的技巧 // 028
怎样看懂装修预算书 // 029
巧妙识别家装公司的花招 // 031
装修合同中的关键条款 // 034
家装合同可能出现的陷阱 // 035

预算先行 // 037
算好“四笔账”，不花“冤枉钱” // 037
施工面积及工作量的计算 // 038
降低家装预算的方法 // 040

第二章
精心设计：艺术与实用并存 // 043

当你有了新居后，规划设计便开始了，哪些是装修重点、如何布置，心里都要先有个“谱”。无论是自己安排，还是请专业公司精心设计，心里有数都是至关重要的。

设计是家庭装修的灵魂 // 045
家装设计原则 // 046
家装设计要素 // 048
家装设计需要注意的环保问题 // 049

家装设计警惕五大误区 // 051
家装设计中的三个陷阱 // 052

各功能区的设计 // 054
家庭门面——玄关的设计 // 054
多功能厅——客厅的设计 // 056
卧室的设计 // 059
书房的设计 // 062
厨房的设计 // 063
餐厅的设计 // 065
卫生间的设计 // 067
阳台的设计 // 069

量身定做自己心仪的家 // 071
先“定位” // 071
为设计师提供所需信息 // 071
看懂家装设计图非常重要 // 073
明确装修的重点 // 075

第三章
挑选细致：家装材料很重要 // 077

家庭装修中有一项重中之重的事，就是建材的选购。当你到建材市场时会发现建材种类琳琅满目，优质的、劣质的、环保的、非环保的，让你一时不知所措，所以装修选建材也一直是业主们的烦心事。对此，只有认清了各类装修材料的基本特性，才能掌握各类装修材料的购买技巧，买到合意又合算的装修材料。

自购家装材料学问多 // 079
首先从熟悉“五材”开始 // 079
建材选购的四项基本原则 // 081
这样买建材最省钱 // 083

“望、闻、问、切、试”选环保建材 // 084
自购建材要学会砍价 // 086
小心建材购买中的“猫腻”// 089

石材的选购 // 090

瓷砖的选购 // 092
选购瓷砖注意三要点 // 092
专家解析瓷砖选购误区 // 094

门窗的选购 // 097
选购门窗应该知道的三个问题 // 097
选择好的塑钢门窗看六个方面 // 099
如何选购铝合金门窗 // 100
如何选购合格的防盗门 // 102
如何选购门窗玻璃 // 103

地板的选购 // 105
如何选购实木地板 // 105
如何挑选强化复合地板 // 107
如何选购竹地板 // 108
如何挑选实木复合地板 // 110
如何选购软木地板 // 112

板材的选购 // 115
如何选购胶合板 // 115
如何挑选大芯板 // 116
如何选购红榉板 // 118
如何选购石膏板 // 119

卫浴洁具的选用 // 120
如何选购坐便器 // 120
如何选购浴缸 // 122
如何选购淋浴房 // 123
如何选购水龙头 // 125
如何选购地漏 // 126
如何选购卫浴配件 // 127

涂料的选购 // 128
选购油漆需注意的要点 // 128
如何选择环保涂料 // 129
如何选购乳胶漆 // 132
选购腻子的注意事项 // 133

其他材料的选购 // 134
如何选购厨柜 // 134
如何购买电线 // 135
如何选购开关插座 // 136
如何选购管材 // 138

第四章
好手艺：在细节上下功夫 // 141

家装施工无小事 // 143
切忌频变方案，苛求进度 // 143
少改墙，别拿结构开玩笑 // 144

好方案＋好材料＋好手艺＋好验收＝满意的家居。可见，在家装过程中，施工也是非常重要的一个部分。家庭装修亦属建筑行业，包括瓦、木、水、电、油等多种常规工种，稍有不慎就会出现意想不到的问题，装修过程中出现任何的“瑕疵”，都会对日后的居住造成无法弥补的“伤害”。

小心装修“敏感地带”// 145

雨季装修注意防潮 // 147

谨防装修公司“偷工减料”// 148

杜绝隐患，保证厨房安全 // 152

厨装施工，细节必不可少 // 152

厨具安装施工要求 // 155

厨房装修存在的误区 // 156

注重细节，卫生间实用最重要 // 158

装修卫生间要精细 // 158

让卫生间“漂亮”得久一些的八个细节 // 160

巧妙搭配，客厅舒适就好 // 162

客厅吊顶的注意事项 // 162

客厅多角边，巧妙换空间 // 163

巧花心思，卧室可以私密些 // 165

卧室装修三要点 // 165

补救卧室装修的四大遗憾 // 166

别出心裁，装出一个雅致阳台 // 168

阳台装修四要点 // 168

改建阳台注意事项 // 169

阳台变身，生活惬意 // 170

> 对于大多数初次装修的业主来说，家庭装修都是“门外汉”，若想让他们把好验收关，确实有些难。所以，业主们一定要在装修过程中，仔细把握好每一个环节，从大体效果到施工细节，都需要业主仔细认真地查看才行，这样才能保证施工质量，也才会有满意的效果。

第五章
严格验收：让家装少留遗憾 // 173

家装验收最基础的知识 // 175

了解工种分类，控制施工质量 // 175

家装验收“五步走”// 176

家装验收的细节问题 // 178

家装验收要五看 // 179

隐秘工程的验收 // 181

水路改造验收要点 // 181

电路改造验收注意事项 // 182

地板基层处理验收秘籍 // 184

不同工种的验收 // 185

瓦工的验收要点 // 185

木工验收要点 // 187

油漆工验收要点 // 189

家庭装修分为两大部分，即前期的“硬装修”和后期的“软装饰”。后期的“软装饰”通常是在装修完毕之后，利用那些易更换、易变动位置的饰物与家具，如窗帘、装饰画、靠垫、工艺台布、仿真花及装饰工艺品、地毯、工艺摆件等，对室内的二度陈设与布置。与“硬装修”相比起来，“软装饰”更加能体现主人的个性特色。

第六章 软装饰：最能彰显个性 // 193

家居装饰，锦上添花 // 195

“简装修，精装饰”——家装流行新趋势 // 195

不同区域的软装要点 // 196

软装饰，也应适可而止 // 200

家居配色十大禁忌 // 202

灯饰，点亮生活 // 205

灯饰选购六原则 // 205

家居灯饰巧布置 // 206

家居灯饰使用误区 // 210

布艺装饰，常换常新 // 212

小布艺，大作用 // 212

家居布艺装饰品的选购 // 213

家居布艺装饰秘籍 // 215

家具，实用的艺术品 // 217

家具选购有学问 // 217

绿植让你融入自然 // 220

室内绿化装饰植物的选择 // 220

室内绿化装饰的主要形式 // 222

个性装饰，异彩纷呈 // 224
用壁饰美化房间 // 224
镜面装饰效果非凡 // 225
巧用工艺品美化房间 // 226
妙用其他物品装饰你的家 // 228

第七章
防污治污：装出健康新家居 // 231

人的一生有65%的时间是在住宅里度过的，住宅环境的好坏直接影响着人们的身心健康。医学家们通过大量的研究一致认为，良好的居住环境能使人延年益寿。据调查，全世界每年有280万人直接或间接死于装修污染，装修污染已被列为危害最大的五种环境问题之一。房屋装修，不仅要体现美观漂亮，更重要的是保证居住者的健康。

装修污染——生命中“不能承受之重”// 233
装修污染知多少 // 233
室内污染危害的表现 // 236
家装辐射不容忽视 // 238
室内装修还需警惕“光污染”// 239

室内污染物的防治 // 241
室内装修污染治理方法 // 241
巧用花卉来除污 // 243
巧妙装修，治理噪声 // 246
走出防污治污的误区 // 247
选择环保材料，杜绝家装污染 // 249
规避室内环境检测误区 // 250
雨季装修，谨防室内污染 // 253

第一章

充分准备：装修前必做的功课

有过装修经验的人都知道，装修是个遗憾工程，费时费力不用说，更重要的是花了不少钱却没有达到预期的装修效果。特别是第一次购房装修的人，装修前如何收房、怎么装修、装饰市场行情如何、需要多少费用等，恐怕多数人心里没有数也更没有底。因此，要想利用有限的银子达到满意的装修效果，在没有动工之前一定得好好谋划一下，多听听专家或有经验者的意见，做好多种准备，务必将遗憾挡在门外。

仔细验收，为装修做好准备

房屋验收是指购房者接收房产时必须要求卖方陪同再次实地察验，看是否有所变动；是否按合同要求进行过维修改造；维修改造质量和水平是否满意；有关文件是否符合、齐全等。只有购房人验收完房屋并签署房屋交接单、领取房屋钥匙后，开发商的交付义务才算履行完毕。以下是房屋验收的六个步骤。

1. 带好资料，准备收楼

接到开发商的入住通知单，标志着你收楼的开始。一般来讲，入住通知单会将收楼的时间、地点、需要带的资料以及该缴纳的费用一一说明。此外通常开发商也会将《缴费通知单》与入住通知单一并寄发给你，因为有一些买房费用是需要在入住的时候缴纳的，办理入住应缴纳的各项费用在《缴费通知单》上都有详细说明。为了避免不必要的损失，尽量带好该缴纳的各种费用，否则开发商会按照合同计算违约金（一般是每天总房款的万分之二，如果超时更多，将会变成万分之五）。

需要提醒购房者注意的是，一定要坚持先验房，后办理入住手续。如果验房时发现问题，如房屋质量、室内有害气体超标、公摊不公等问题，则要书面呈送给开发商并让其签收，以免留下后患。

2. 履行义务，缴纳费用

如果说买房是你行使的权利，那么缴纳费用则是你该履行的义务。任何一个小区，在入住以前，便已经聘请了为小区服务的物业管理公司，为了让小区能够顺利地交到物业管理公司手里，你必须先缴纳 1 ~ 3 个月的物业管理费。还有，房屋的公共维修基金也是你应该缴纳的费用。你在未来居住生活中可能会遇到房屋的大型维修，如果不缴纳这笔费用，你的正当的权益将得不到维护。即使你信不过开发商，也一定要认识到，这占到总房款 2% 的公共维修基金只是开发商替政府代收的，今后小区成立业主委员会后将会被转交给业主自己支配，开发商根本无权动用。但是如果你不缴纳这笔费用，今后你在日常生活当中会遇到各种各样的困难。

3. 对照合同，仔细验房

检查房屋的质量等问题时需要照顾到两方面：（1）如果感觉小区的各方面条件达不到入住的标准，应明确指出其不具备交工的理由。不仅如此，还要向开发商索要你该得到的违约金（一般来讲，延期交房的违约金是按照已交付房价的每天万分之二来结算的）。（2）当你确信房屋质量基本令你满意，就应该按照合同中约定的面积误差来和开发商交涉。合同中规定，双方在实测面积方面存在着正负三的差额，如果开发商交给你的房屋面积大于合同中规定的面积，你则应按照《商品房买卖合同》中约定的每平方米单价补齐超出面积的房款；如果小于规定中的面积，开发商应该退给你相应部分的房款。

4. 查看三书一表一证

开发商交付的房屋如何才算达到了入住标准呢？根据国务院颁布的《城市房地产开发经营管理条例》规定：“房地产开发项目竣工，经验收合格后，方可交付使用。”据现行规定，房屋竣工后，建设单位、施工单位、设计单位、监理单位四方联检，检验结果报质检站备案，再由质检站出具《建设工程竣工验收备案表》。《建设工程竣工验收备案表》是收楼的前提，即使开发商做得再好，如果没有这个验收表就说明其根本不具备交房的标准，你有权拒绝收楼。《住宅质量保证书》《住宅使用说明书》则是确保你顺利使用该房产及该房产内设备，并享受开发商提供的保修服务的通行证。所以验房时应向开发商提出查看质检站出具的《建设工程竣工验收备案表》以及该房屋的《住宅质量保证书》《住宅使用说明书》《建筑工程质量认定书》。此外，还不要忘了查看《房地产开发建设项目竣工综合验收合格证》。

5. 签订《物业管理公约》

《物业管理公约》是你将来生活在小区享有权利与义务的标准。当你签订《物业管理公约》时，也就说明你的房产基本达到你的理想标准了。但你这时候不要犯糊涂，别认为每月每平方米才不过几元钱，买得起当然住得起。你要让物业管理公司说清楚以后要缴纳的物业管理费到底由哪些方面构成，清洁费、保安费、绿化费是怎么核定的。还有，你最好考察一下小区物业管理公司的资质，以及是否具备你要求的管理标准，别在今后的管理当中给你造成不必要的麻烦。提前认识这家公司，在今后成立业主委员会时也就能做到知己知彼。

6. 算公摊面积，签验收单

公摊面积的多少将直接影响到你居住面积的大小，以及今后缴纳物业管理费的多少。所以，验房时应查看由房屋土地管理局或区局直属测绘队出具的《竣工实测表》，对楼层什么地方属于公摊的面积，做到心知肚明，少花冤枉钱。

完成了基本程序，并经过深思熟虑，确认没有问题后，你就可以签收《房屋验收单》了。拿到钥匙后，最好注意钥匙是否对号入座，锁具是否完好。另外，查抄水表、电表的使用数目，因为在建设当中，工人会使用你的能源，这点咱们可千万别吃亏。你办好了这一切之后就可以到物业管理部门索要出入小区的门卡了。

验房时需要带的工具

检验房屋各个方面的质量问题可是一件麻烦事，如果你自己不是行家，身边又没有专业人士陪同你“收楼”，那么，就带上这八样小工具，自己检验吧。你可不要小看了它们，它们能在关键时刻发挥意想不到的作用。

1. 乒乓球：头号宝贝

圆滚滚、滴溜溜转的乒乓球是收楼的头号宝贝。带它去收楼，可不是拿来哄小孩的，房子内需要检查坡度的地方有很多，如在检查地面、窗台、柜子等的坡度时它可派上大用场，一点小毛病都逃不过它的“眼睛”。

厕所、厨房、阳台地面的“去水”是否顺畅很重要。我们之前准备好的乒乓球就在这里有用武之地了：把乒乓球放在地面，若乒乓球顺势滚到地漏处，那就说明地面的“去水”通畅没问题；轻推一下能过去的，也勉强可以；要是乒乓球到处乱跑，甚至倒着走，你该知道问题出在哪里了吧？查验时，记住应从多个方向考察。

同时，乒乓球还能检查窗台是否水平，如今流行又大又漂亮的飘窗，但内窗台一定要平，乒乓球若在上面滚动的话，就不合格。此外，许多楼盘有送橱柜、衣柜的，这些地方在验楼时都可应用“头号宝贝”细查，这些成品柜子若装得不平，橱柜上层若向下倾斜，零碎东西就会自己掉下来，日后柜门就容易关不严、关不上。

总之，一套房子里，该平的地方得平，该斜的地方得斜，只要乒乓“宝贝”在手，就能轻松检验这些地方的平斜了。

2.“人”字铝梯：往高处看

天花板有无空鼓？空调插座是否安装妥当或者松动？柜顶是个什么样子？藏在厨卫天花板里的给、排水管是否顺通？细想，验楼时需要爬高的地方真不少，扛把梯子去收楼，好似很夸张，但是这些地方往往存在着不少的破绽，检查清楚才能安心收楼。

3. 化妆镜：哪里都够得着

借助化妆镜，可看清楚眼睛“够不着”的地方，带上化妆镜可不是担心女主人累得花容失色，方便及时补妆用的。验收木门时，大多数业主只是检查门锁的质量，以及门框、面板的手工开合是否顺当等，但门扇的底边却很容易被忽略。这时候，化妆镜就能派上用场了！把镜子平放在门扇下，底下的情况通过这“第三只眼”便可看得一清二楚了：有没有刷油漆，有没有贴饰面板，质量如何，是否平整？

4. 插页式文件夹：票据一张都不能少

收楼时，开发商要移交的票据、证书、资料一大摞：比如纳税单据、各种收楼费用的凭证、各种产品的保修卡、入住手册、物管合同、押金收据……这些资料一定要妥善放好，遗失了其中任何一份都会很麻烦。买个 40 页以上的插页式文件夹来收集整理这些文件很有必要，收一份文件放好一份，签收单正好当资料目录。收完楼，所有资料都齐了，也是一套自家房子的全套“档案”，要拿什么，在文件夹里翻翻就能轻而易举地找到，整齐清楚，一目了然。

5. 备忘贴纸：不做糊涂虫

验楼时，业主多多少少会发现需要修缮的地方，除了认真填写维修单外，业主还应在出现问题的地方贴上备忘贴纸，标清楚问题所在，方便开发商的维修工人现场检修。业主做得细致一些，与开发商反复争论的情况可能就会少一些，发生纠纷的几率也会大大减少。因此，收楼时别忘了带贴纸，做个精明、和气的好业主。

6. 小锤子：看看有没有空鼓

拿个小锤子去收楼肯定不是让你自己动手装修用的，它可以用于检查空鼓，如天花、地板、窗台、阳台、瓷片等等。如果敲击的声音有少许回响，则是有点问题了，如果声音沉闷，则表示没问题。不过，用小锤仔细敲击需检查处时应拿捏好力度，否则验楼可能变成拆楼了。

7. 电笔：电路通畅很关键

事前带支电笔逐个检测电路是否畅通是非常有必要的，因为一套房子里的插座通常有几十个，事先做好准备总比入住以后发现某个插座不通电，再凿墙挖孔来的省心。

8. 矿泉水瓶：水也是检查工具

这道“工序”可放到最后进行，矿泉水喝完后，瓶子千万不要扔，它也是一样重要的验楼工具呢。待其他各项都验完了，矿泉水瓶子就可以用于检查厕所、厨房、阳台的地面了，用矿泉水瓶接水，泼上大量的水便知道这些地方有无坑坑洼洼，去水是否顺畅，稍等片刻，哪里积水就表明哪里的地砖铺得不平或去水坡度做得不够。

新房验收的八个关键点

对于新房的验收，有人认为无足轻重，总觉得质检站都已经验收了，自己再验收有多此一举之嫌。虽然在多数情况下，不管验不验收，房子你都是要了的，但是，在签字前发现问题，你会比较方便追究开发商的责任。因此在新房验收时，以下八大要点我们还是必须要看仔细的。

1. 验墙壁

由于如今新房墙壁渗水的事情常有发生，有些严重的，整栋楼的所有窗户下面的墙壁都渗水，因此，看墙壁不知不觉成了人们极为关注的问题，但验收这一项时，最好选在房子交楼前，下过大雨的第二天前往视察一下。这时候墙壁如果有问题，几乎是无可遁形的。墙壁除了渗水外，还有一个问题，是否有裂纹。有人在看墙壁时发现他的家有一个门形的裂缝，后来追问开发商，才知道原来是施工时留下的升降梯运货口，后来封补时，马虎处理而留下的后患。

2. 验水电

首先是验房屋的水电是否通了。当然，对于一些高级装修来说，多数的水电后期都要更换的，所以有时候这些内容倒不是关键的了，但如果你不打算更换水电的话，这些东西就必须认真验收了。验电线，除了看看是否通了电外，主要是看电线是否符合国标质量。再就是电线的截面面积是否符合要求。一般来说，家里的电线不应低于 2.5 平方毫米，空调线更应达到 4 平方毫米，否则使用空调时，容易过热变软。

3. 验防水

这里所说的验防水，主要是指厨房及卫生间的防水。当然，房子在交付时如果没有做防水，就需要装修时做了。但是，在交付时如果已经做了防水，我们就不得不对防水是否符合质量要求做出验证了。如果在装修前不试一试，装修后再发现漏水，以后的维修工程就大了。你不得不拆除已经装修一新的地面来做一层新的防水层。具体验收防水的办法是：用水泥沙浆做一个槛堵着厕卫的门口，再用一胶袋罩着排污水口，并捆实，然后在厕卫放水，浅浅的一层（约 2 厘米）就行了。约好楼下的业主在 24 小时后查看其家厕卫的天花板是否漏水。

4. 验管道

这里所指的管道，指的是排水、排污管道，尤其是阳台之类的排污口。验收时，预先拿一个盛水的器具，然后将水倒入排水口。看看水是不是顺利地流走。为什么要验收这个呢？因为在工程施工时，有一些工人在清洁时往往会把一些水泥渣倒进排水管冲走，如果这些水泥较黏的话，就会在弯头处堵塞，造成排水困难。

5. 验门窗

对于门窗的验收，尤其要注意密封性。在验收时，有一点很关键也比较麻烦，那就是得在大雨天方能试出好坏。通常情况下，我们只能通过查看密封胶条是否完整牢固这一点来证实。阳台门一般要看内外的水平差度。笔者曾经遇到过一种情况，阳台的水平与室内的水平竟然是一样的，这样，就很难避免在大雨天雨水渗进的问题了。

6. 验层高

如果你的合同有这个条款，那么你应该测量一下楼层高度。方法很简单，把尺顺着其中两堵墙的阴角测量，而且应该测量户内的多处地方。一般来说，层高在2.65米左右是接受的范围，如果房屋低于2.6米，那么就得考虑了。这种房屋将使你日后不得不生活在一种压抑的环境里。层高矮对于开发商来说，是一种非常有效的节约成本的方法。

7. 验地平

所谓验地平，其实就是测量一下离门口最远的室内地面与门内地面的水平误差。虽然这种验收对于我们一般人来说，具有一定的难度，但却可以检验开发商的建筑质量。因为作为业主，是根本不可能去验收主体结构的，那么就只能从这些细节来看质量了。具体的测量方法是：去五金店买一条细的透明水管，长度约为20米左右，然后将其中注满水。先在门口离地面0.5米或1米处画一个标志，把水管的水位调至这个标志高度，并找个人将水管固定在这个位置；然后再把水管的另一端移至离门口最远处的室内，看水管在该处的高度，再做一个标志，用尺测量一下这个标志的离地高度是多少。这两个高度差就是房屋的水平差。你也可以通过这种办法，测量出全屋的水平差。一般来说，如果差异在2厘米左右是正常的，3厘米在可以接受的范畴。如果超出这个范围，你就得注意了。

8. 验尺寸

新房往往会出现面积缩水的问题，因此在尺寸上也需要特别检查。

除了以上的这些验收项目外，其他的验收都需要具备比较专业的知识。如果你还不放心，不妨带一个熟悉工程的朋友去验收房屋。否则，你只能依靠质检部门了。

收楼验房常见的六大问题

买房置业是人生的一桩大事，任何一个步骤都是经过深思熟虑的。可对于大多数业主来说，从拿到交房通知单的一刻起，烦恼也随之而来。交房程序如何？常见的交房陷阱有哪些？交房时该注意些什么？为此，房产专家针对收楼验房过程中常见的一些问题，教你见招拆招，轻松入住新房。

1. 不能按时交房

按合同约定，开发商一般会在交房前十几天向业主发出交房通知，告知具体交房的时间及须带齐的资料。如业主在约定时间内没有到指定地点办理相关手续，则一般被视为开发商已实际将该房交付业主使用，业主应从通知单的最后期限之日起承担购房风险责任及税费。

对策：业主在购房时要写清楚邮寄地址，以确保能够收到交房通知。如合同约定的收楼期恰遇业主出差，可通过电话或亲友咨询具体情况。不能如期到场时，可以书面形式委托亲友进行，也可及时与开发商联系，另行约定时间，并用书面形式确认。

2. 开发商证书不全

验房前应要求开发商出示《建设工程质量认定证书》，索取《住宅使用说明书》《住宅质量保证书》《房地产开发建设项目竣工综合验收合格证》和《竣工验收备案表》（简称“三书一证一表”），还有各种相关验收表格，如《住户验房交接表》《验收意见表》等。只有证件齐全了，才能签署入住单。

时下不少楼盘“三书一证一表”不齐全，特别是《建筑工程质量认定书》与《房地产开发建设项目竣工综合验收合格证》，这是因为楼盘整体建筑未完成，有关部门无法验收。

对策：遇到这种情况，购房人可选择不收房。如果确实被要求收房，也要在《住户验房交接表》《验房记录表》等相关文件中写明“未见 ×× 文件”等字样，并妥善保留好相关文件副本。

3. 收房程序不利业主

先验房后缴费、签文件的收房程序是较合理的正常程序，但大多数开发商采取先缴钱填表、签文件，再验房的方法，使业主处于被动状态。

对策：业主应将先验房再收房作为附加条款写在合同里，不验房就不收房。如当初合同未有约定的，则可在收房文件中注明“未验房”等标注，验房时如出现情况，也可与开发商讨说法。

4. 建筑质量有问题

对业主在验房时发现的问题，如墙面或地砖破裂、漏水，甚至是房屋结构性问题，一些开发商总会表示这只是小问题，到时让人修修就可以了，想方设法不让业主将问题列进验收文件里。

对策：不管开发商陪同人员如何信誓旦旦，业主都应坚持原则，只要发现问题，无论大小，都要在相关文件或表格中记录下来。如果楼盘根本就没准备验收登记表，则要自备纸笔，将有关问题一一记录和取证，以便事后维护自己的合法权益。

5. 配套承诺不兑现

验房时，业主不仅要验屋内，对于小区的整体规划也要仔细查看是否符合合同约定，如同期建设的车库、会所、景观园林等，其中也包括整个小区的外墙面颜色与用材是否与开发商的售房承诺一致。

对策：签购房合同时应明确各有关细节，包括收楼时间、收楼程序，如先验楼，无异议后再收等细则；验楼时从配套设施到房内各项交付物指标的具体详细验收标准，同时最好附上设计图纸及施工图，并在合同中注明以其为准。

在签订购房合同时，要将开发商的承诺写进合同条款中，并保存好所有可作为合同附件的宣传资料。注明收楼时原开发商的广告、售楼书、样板房等都可成为房屋结构验收标准。最妥当的做法是请上一位有经验的律师，分析购房合同中有无标注不明或易成歧义的条款陷阱，免除收楼时的麻烦。

6. 巧立名目乱收费

虽然物价局已对入住的相关费用有明文规定，但个别开发商到交房时仍巧立名目进行收费。

对策：收楼时要提前了解物价局的相关收费规定，带上应缴费用表，与开发商要求的款项相对照。最好带上计算器，算好每一笔账，发现不合理收费要及时向开发商指出，必要时可向物价局、房管局投诉。另外，在查看了房屋后，准备签收《房屋验收单》之前，还要弄清楚缴纳的物业管理费由哪些方面构成，清洁费、保安费、绿化费等怎么核定。

不可不知的家装常识

基本原则

新房拿到手里准备装修了，大多数业主认为装修这样的大事一生难得有几次，受这种心理影响，往往就会大张旗鼓。待装修完毕，冷静下来，却发现装修似乎有些过度，有些地方根本不实用，纯粹是堆砌但耗资却不少，到此时后悔也来不及了。要避免这种情况，你必须把握好以下几个家庭装修的原则。

1. 遵循“简洁就是美”的原则

在注重居室功能、空间后，如果我们不能很好地把握居室设计中的风格、流派，那么我们可以遵循“简洁就是美”的原则，不实用的不用，能省的就省。这样不仅使房间显得简约大气，还会省掉不少花销，并且还为以后的软装饰留出了弹性空间，尽显主人的文化品位。

2. 整体规划，不东拼西凑

有的人为省钱舍不得出设计费，认为设计师也是听业主怎么说就怎么做，干脆不请设计师，自己动手，但因为没接受过专业教育，做起来力不从心，东家引用一点，西家照搬一点，书上抄袭一点，钱花去不少，装修出来却怎么看怎么别扭，返工又造成人力物力的巨大浪费。如果自己没有把握做出构思巧妙，具备个性又有实用价值的装修，最好还是请一名室内设计师为你整体规划空间。室内设计师的设计理念、对材料的敏锐把握、丰富的工作经验，往往在你觉得“不经意”间做出很好的效果来。

3. 充分考虑健康和安全

进行家庭装修，无非是为了给自己塑造一个既舒适又方便的室内空间，但是我们不能一味地追求舒适，还要充分考虑健康和安全。所以，我们在家庭装修时务必要注意以下三个方面：

（1）对于装修材料的选择，要尽量做到选用轻质材料，可以优先采用铝塑制品、石膏制品、天然石材等不燃或难燃的绿色建材，以确保家庭成员的身体健康和财产安全。

（2）在对水电进行改造时，一定要做到合理，装修阳台以及门窗时，别太过于密闭，要保证水、电、空气畅通，避免留下影响人体健康的安全隐患。

（3）不能随意在楼板上凿眼或是在墙上开洞，更不能随便改动承重墙体，要保证原有结构的坚固性，维持房屋的强度、刚度和稳定性。

4. 材料不一定越高档越好

善于理财的人总会将钱用在刀刃上，而居室装修并不是材料用得越高档效果就越豪华，最重要的是实用，有一两个造型亮点用高档材料即可尽显品味，其余的从简即可。但一定要注意，不能只注意表面功夫，对饰面的材料很注重，对里面做结构的板材则能便宜就便宜。但一定要选用环保材料，避免花钱为自己装个“毒气室”。

5. 选择正规的装修公司

有的装修公司，为谋取更高的利润，一味地引导业主多消费，多投入，这种时候消费者就不能“雾里看花，水中望月”了，一定要拭亮眼睛，不要被这种装修公司牵着鼻子走。好的装修公司首先会考虑业主的投资计划，站在客户的角度上，充分考虑空间的功能，做到经济实用。

四个档次

我们对“装修档次”说得比较多，但装修究竟分为哪几种档次以及档次是怎样界定的，大多数人还是不太清楚。

一般来讲，装修可分四种档次，经济型、中档型、高档型、豪华型。影响装修档次的因素有：投资、设计、材料、工艺、服务。

1. 经济型

就是大众常见的普通装修，如包门包窗、厨房卫生间贴墙铺地砖、塑扣板或铝扣板吊顶、少量水电改造、厨卫设施安装、地面铺砖或复合木地板、踢脚线、暖气罩、窗帘盒、墙顶刷涂料。这种装修一般不需要室内设计，也没有大的改动，主要是自己请队伍施工，自己买材料，受投资限制，不能购买高档材料。经济型装修事无巨细全靠自己去操心，作为房主会非常疲惫，由于对装修不了解，有可能工艺质量和效果达不到自己的要求或造成材料的浪费。

2. 中档型

这种装修除了标准的装修内容外，还可以请设计师融入设计理念，居室有了设计主题及文化，为表现这个文化还会增加一些内容，如艺术造型吊顶、文化主题墙、沙发背景墙、床背景墙、端景墙，以及一些很有特色的家具。中档装修可享受到装修公司的一些服务，如设计师陪你买主材、工程监理为你控制工艺质量、售后人员为你做好售后服务等等。

3. 高档型

这种装修与中档装修的区别主要在于设计、施工工艺和主材的材料档次。高档型一般会有有经验的设计师提供设计方案，工艺精湛的特级施工队施工，以及售前售中售后所有环节员工及时、周到、完善的服务。例如，你想去市场上买些配饰，设计师也随时帮你去参考，以达到整体效果一致。高档装修所用材料一般都是国内外知名品牌。如果你将自己的装修定位为高档装修，一定要充分考察装修市场，选择一些知名度高的公司，确定目标后再登门拜访，主要考察公司的实力和以往的业绩，最好还要看一两套他们正在施工的工地，从工地实际情况判断他们所做的是否如他们所说的。

4. 豪华型

豪华装修实际上不仅仅是高档的材料、叹为观止的效果、富丽堂皇的气派，更应是一件独具特色、充分体现主人风格的艺术精品。这就要求设计师必须是具有多年室内设计经验的大师级人物。有自己独特的设计理念，能把握各种设计风格，有良好的沟通能力，材料的选择也相当精细，基本上都是精品级材料。做工要求相当高，都是有多年施工经验的施工员。工地上有专门的施工管理人员为你把关，随叫随到的服务会让人感觉原来装修也可以如此轻松。豪华型装修对装修公司要求很高，在考察时你可以锁定一些出类拔萃的公司，那些中小型公司往往心有余而力不足。

基本流程

开过车的人都知道，当你坐进驾驶台，要做的第一件事就是把汽车钥匙插进去，点火启动，接着就是踩离合、挂挡、加油门、起步。家装和开车一样，也有流程并且十分复杂，主要有以下九个流程：家装咨询、设计、预算评估、签订合同、现场交流、材料验收、中期验收、尾期验收、家装保修等。

1. 家装咨询

向设计师咨询家装设计风格、费用、周期等。

你请装修公司装修，要把自己的要求全部告诉公司。每一位将进行家装的业主，在装修前都要按各自的经济条件、文化素养、个人品位、家庭人员兴趣爱好等诸多因素，来考虑住宅的装修。你提出的要求最好事先经全家人详细讨论过，尽量一次性告诉装修公司。装修公司会仔细听取你的意见，并作记录，如果事后装修公司还有不清楚的地方，会与你联络直到完全明了为止。

2. 家装设计

装修公司收到你的平面图之后，会由设计师亲自到现场测量及观察现场环境，研究你的要求是否可行，获取现场设计灵感，并初步选出一些材料样品介绍给你，如果你同意，设计师会进一步提供详细的工程图和逐项分列的报价单，这时你要向装修公司提供准备采用的家具、设备资料，以便配合设计。

如果你不清楚这件家具做好后是什么样子，可要求装修公司提供该件家具的立体图。不明晰要问，不合适要改，直到满意为止。

3. 预算评估

根据业主选择的设计风格，设计师进行家装设计，并把信息反馈给业主，最终确定设计方案、图纸及相关预算。

装修公司最后提供的图纸和报价单，应表达清楚每个部位的尺寸、做法、用料（包括品牌、型号）、价钱，不能用笼统表达，如用“厨房组合柜一套”来概括详细项目。如果有些组合柜是由许多小柜组成的，业主应清楚这些小柜的型号、尺寸、相关配件等内容。

当你收到工程图和报价单后，一定要仔细阅读，查看所要求的装修项目装修公司是否已全部提供，有没有漏掉项目。许多人往往关心的只是最后一个总报价，如总报价并不包括需要的项目，那你将会受到一定的经济损失。

4. 签订合同

在你与装修公司双方对设计方案及预算确认的前提下，应签订《家庭居室装饰装修工程施工合同》，明确双方的权利与义务。正规的装修公司还会有合同附件，业主、公司有其他约定内容可以在附件中进行补充。

家装时，变更项目即通常所说的增减项目，只是在原有的合同基础上，就增减的工程项目进行详细的说明，合同双方共同协商每一个增减项目，并且详细地说明每一个增减项目的做法、收费标准，直到双方确认，共同签字认可，方为有效。

变更合同应注意不要只是以口头达成协议，一定要及时签订书面变更合同。

5. 现场交底

由业主、设计师、工程监理（目前大多数的装饰公司派出的是公司内部的监理，有条件的业主最好自己单独外请监理）、施工负责人四方参与，在现场由设计师向施工负责人详细讲解预算项目、图纸、特殊工艺，协调办理相关手续。

在家装的整个过程中，现场交底是开工前的第一步，在此，合同双方可把一些不容易在合同中讲清楚的问题予以明确。

6. 材料验收

现场交底之后，将进入施工阶段。首先就是材料验收，由装修公司代购的各种材料运到现场后，必须由用户验收合格。同样，用户购买的材料也要由装修公司验收。双方签字认可后，方可进行施工，未经验收的材料不得施工。未经验收擅自施工，造成的损失将由装修公司负责。

7. 中期验收

近年来因家庭装修引发的纠纷日益增多，事后不满意又重新返工的现象时有发生，既费时费力又不经济。为了避免此类事件的发生，当粗装及隐蔽工程完成并准备进入精装时，最好进行一次有重点的验收，称其为中期验收。在验收时，如果用户有不满意的或又有新的创意，希望进行一些局部变更的，最好在此时及时提出。验收的主要内容包括水、电路的综合布线，防水处理，龙骨结构和防火处理等。

8. 尾期验收

最后一个阶段中的验收内容是最全面而彻底的，验收除了鉴定装修整体效果外，主要还是看施工质量是否令人满意。要检查踏脚板、洁具和五金的安装情况，木制品的面漆是否到位，墙面、顶面的涂料是否均匀，电工安装好的面板及灯具位置是否合适，线路连接是否正确等。另外，应要求施工队将房间彻底清扫干净后方可撤场。

应该指出的是，由于装修工程都是手工操作，在检评标准上应该有一定的允许偏差范围，只要不影响大的效果和功能，局部有偏差是难免的。所以用户在验收中应注意舍小求大，分清主次，把握大问题决不姑息、小问题不过于计较的原则。

9. 家装保修

按合同约定，由家装公司负责一定期限的家装工程的维修工作。你在使用过程中如发现质量问题，先同装修公司取得联系，把发生的质量问题向装修公司说明，凡是由装修公司所做的装修，都应进行正常保修，保修期为一到两年。下列具体问题可进行保修：由于季节温差造成的开裂、变形（包括饰面板、墙地砖、木材、成品等）；由于施工质量造成的问题，如水管漏水、电路短路等。如果装修公司拒绝保修，你可直接向有关部门投诉解决。

相信你熟悉了这九个家装的基本流程后，对家装已经有了一个大致的了解。

开始装修的准备工作

“不打无准备之仗，不打无把握之仗”。家庭装修更是如此，如果不在事前经过一番精心准备，将来可能就会遇到很大的麻烦。进行装修前的准备工作有一定的方法，如果不了解，也许会无从下手。装修前的准备工作大致可以从以下几个方面着手。

1. 对装修的相关问题进行大致了解

首先翻阅一下相关的报刊杂志，或者到刚装修过不久的朋友、亲戚家走走看看，取取经，了解一下装修的程序有哪些、先后顺序怎样安排最好、材料的使用效果以及材料价格的高低、装修的总投入金额等。有了这些经验就可以对自己的装修有个大概的思路了。

2. 对房子进行透彻的了解和收集有关资料图纸

可向房子所属物业公司索取建筑平面图，有了图纸才能进行初步的规划。收集供暖设备的资料、制冷设备的资料、给排水管道图纸或者自行测量后在图纸上标明其位置、尺寸。还需要了解房子里哪些结构是可以拆除的，哪些是不能拆除的；阳台玻璃窗是铝合金的还是塑钢的，是否需要更换；橱柜是到橱柜店定做还是交给装修公司制作等问题。这些问题有的可以询问物业公司，有的可以向专业人士咨询。

3. 资金的难备

这是准备工作的重要环节之一，如何分配资金对于装修起着决定性作用，所以对自己装修准备花多少钱心中要有个数。这里介绍一种排除法：用预投资额总数依次减去家具、电器、橱柜、塑钢窗、窗帘及装饰品等装修以外的投资，剩下的款项就可以用在装修上了，然后根据这个数字选择合适的装修档次。

4. 市场价格调查

大多数家庭的装修，人们最关心的除了装修效果，就是装修的价格，因此，做一番市场调查是必需的。在家装中，材料一般占总造价的60% ~ 70%，余下的则为人工费用。装修材料主要有水电器材、卫生洁具、厨房用品、墙面地面材料、顶棚材料、家具灯饰等。市场上的装修材料品种繁多，各种材料又有等级、规格、价格的区别，即使用同一用途的材料，品种档次也有不同，价格相差也较大。装修档次的高低首先与材料相关，在材料的选择上要综合比较。有的主体材料价格虽高，但一步到位，可节省辅助材料的施工费用及未来的附加开支。有的主体材料价格档次虽低，但辅助的施工费用及未来的附加费用并不少，因此需进行全面斟酌。总之，认真进行市场调查，仔细比较研究，对你以后的装修工作会有很大的帮助。

另外，如果你是旧房装修，那么还需要考虑哪些地方需要拆除的问题。

通过前面的准备工作，你也许已经跃跃欲试，心情比较兴奋，对未来的家充满了希望，下一步就是如何选择装修公司的事了。

家装方式的选择

装修时选择装修公司基本上是所有业主的选择，而与装修公司洽谈时的第一个问题往往就是确定装修的方式。目前市场上最常见的装修方式有清包、半包、全包和套餐装修四种。

1. 清包

清包也叫清包工，是指装修业主自己购买材料，找装修公司或装修队伍来施工的一种工程承包方式。

优点：自己买材料，可以充分体现自己的意愿。通过逛市场，可以对装修材料的种类、价格和性能有个大致的直观了解，并根据自己的喜好和经济能力来选择材料。由于没有中间环节，不会有材料价格上的纠纷，与装修公司的关系也变得简单明了。

缺点：可能要耗费大量的时间和精力，逛市场、了解行情、选材，这需要大量的时间。还得联系车辆拉运材料。打交道的过程中，难免不吃亏上当。自己买材料也会造成与装修公司出现新的纠纷。装修过程中一旦缺料，业主马上就得去进料，如果材料不能按施工进度要求准时到位，就会延误工期，很容易发生争执，如果装修出现质量问题，很难说清是施工的问题还是材料的问题。清包还要承担一定风险，由于中间环节有材料价格纠纷，与装饰公司的关系不明了，万一出现问题责权也不容易界定。

清包装修方式适合以下情况：有足够的精力和时间；是砍价高手；很熟悉建材市场；有方便的交通运输工具；对材料的质量、性能、价格有足够的了解；能准确地计算耗材，而且能很专业地和装修公司谈有关材料的用量；装饰工程比较简单，需要采购的装饰材料不多。

2. 半包

介于清包和全包之间的一种方式，施工方负责施工和辅料的采购，主料由你采购。

优点：选择主要部分掌握主动权，主要建材自己购买，不论在安全上还是经济上都更放心。辅助建材由施工队配给，小事上也省了不少力。

缺点：半包还是要花不少时间去跑建材市场，不能轻松装修，在签合同时一定要清楚注明哪些由装修公司提供，哪些由你自己购买，否则很容易在后期被装修公司钻空子，弄得自己什么都要买，很疲惫也很被动。

半包装修方式适合繁忙但又追求品质的人，但前提也是要有一定的装修建材专业知识。

3. 全包

全包也叫包工包料，是指将购买装饰材料的工作委托装修公司，由装修公司统一报出材料费和工费。

优点：相对省时省力省心。装修公司往往有固定的供货源，拿到的价格也会比用户自己购买要便宜。让装修公司进料，他们可以安排人员和车辆。业主也可以随车一起去材料市场，既省力又能保证所选材料得到自己认可。一旦装修出现质量问题，装修公司的责任无法推脱。另外装修公司进料，他们会将在业主家装修所剩的有用的材料统筹安排，转到下一家去，从而避免了浪费，降低了成本。

缺点：由于材料种类繁杂，业主了解甚少，一旦装修公司虚报价格，或与材料商联手欺骗装修业主，很难识别。

全包装修方式适合以下情况：工作很忙，没有足够的时间和精力；对装饰材料一无所知；很烦逛市场；距离建材市场很远，交通不方便；对所选装修公司很信任；装饰工程很复杂，需要购买的装饰材料很多。

4. 套餐

套餐装修就是把材料部分即墙砖、地砖、地板、橱柜、洁具、门及门套、窗套、墙面漆、吊顶等全面采用品牌主材再加上基础装修组合在一起。

套餐的计算方式：用你的住宅建筑面积乘以套餐价格，得到的数据就是装修全款；其中包含墙砖、地砖、铝扣板、门及门套、窗套、橱柜、洁具以及人工和辅料等。

优点：要比自己购买主材价格平均低 30% 左右。套餐中的所有品牌主材全部从各大厂家、总经销商或办事处直接采购，由于的采购量非常大，拿到的价格也全部是底价。装修公司在做套餐成本核算的时候，直接是按底价核算的，把实惠让给消费者。

缺点：多数套餐的报价都只含有最基本的工艺，而像拆墙、打洞、加隔墙、做防水等必备工序，都得再加钱；有些套餐所含的橱柜、免漆门等均有数量限制，不少客户不够用，要求增加自然也得加钱；有的低价套餐不含水电改造等；对于含有两个卫生间的户型，套餐式装修则只包含一套卫浴设备，第二个卫生间仅含地砖、墙和顶面涂料等，虽然每一个套餐都可以升级，但升级的部分都得客户买单；此外，一些套餐对面积在 60 平方米以下的小户型设有保底价，全部按 90 平方米计算，而 90 ~ 100 平方米的则全部算作 100 平方米。由此，诸多“不可控”因素，最终导致一些家装套餐“低开高走”。

套餐装修适合的人群：事业成功人士——他们的时间都极为宝贵，套餐装修既能满足他们对生活的高要求与高品位，又能为他们节约大量的时间；白领人士——忙于工作的白领们不必再浪费宝贵的时间去为家装劳心劳力，更不用去面对家装的隐藏项目超出预算的烦恼；套餐又是老年人的上上之选——便捷的方式能让你一次选定所有材料，劳累奔波了大半辈子的老年人选用套餐既省去了去市场砍价、选料等诸多烦恼，又能为豪华气派的装修省下一笔可观的费用。

家装最容易出现的七个误区

人们在现实生活中经常会出现一些误区，如冬天在家里煮一碗食醋，可以预防感冒，其实这是错误的。煮沸的食醋不但不能预防感冒，还会引起气管炎等病症。同样，家装中也有很多误区。

1. 花钱越多，装修越好

有的人认为材料越贵越好，买材料时什么都选价格最高的，反而忽视了产品的制造厂商、材料是否实用等诸多因素。其实，一些基层材料只要质量没有问题，做到物有所值就可以了，完全没必要花冤枉钱买最贵的。有的人则把家装修得富丽堂皇，跟宾馆一样，全然没有了温馨感。

2. 流行的便是好的

有的人看到外面流行红榉，于是木制作饰面便全都是红榉板，千篇一律，毫无特色。等过几年，也许红榉板过时了，整个家装也就自然显得落伍了。现在有的家庭，客厅里还装着一面大镜子，顶上做着大面积的吊顶灯池，其实这是前几年装修的流行产物，现在看来就显得非常不合时宜了。

3. 越快越好

有了新居后，很多人往往急于入住，便匆匆忙忙找了一个装饰公司，要求对方在十天半月就要交工。至于房间的设计、装饰材料的选用，这些户主心里并没有仔细考虑。由此可能出现这些问题：匆忙选择的装饰公司不尽如人意，设计、施工水平没能达到要求。

4. 生搬硬套

看到书上或别人家的装修造型不错，便照搬照抄。别人家的造型虽然很好，但搬到自己的家中未必合适。因为再好的造型也必须放在整体的环境中，色彩、风格等协调了才称得上好造型，否则，本来不错的造型可能会变得很不舒服。

5. 不分主次

在装修时，不少人根本就不分主次，对于所有空间都"一视同仁"，这样的装修不仅会花费过多，而且往往还"事倍功半"。其实整套房间中某些空间的装修可以简洁一些，凭家具和装饰品来点缀空间。

6. 光图省钱，忽视质量

有的家庭财力不济，又想装修出好的效果，只得降低质量，尤其一些隐蔽的基层材料用价廉质次的材料充数，结果时间一长便出现开裂、变形等问题。

7. 只讲究美观，忽视实用

例如在照明方面，有的家里各个房间的顶灯，都是几个或十几个一组的白炽灯射向顶棚，很是漂亮。但十几个灯便是几百瓦，耗电量非常大，浪费非常严重。在地板砖的选择方面，有的家庭选的瓷砖光亮照人，但并不防滑，上面洒点水，就容易摔倒，中看不中用。

学会和家装公司打交道

如何选择好的装修公司

对于初次接触装修的人来说，最烦心的莫过于不知怎样寻找到好的装修公司。装修时一定要找正规的装修公司。但眼下的装修公司鱼龙混杂，怎样才能识别真伪和好坏呢？

1. 可靠性

正规的装修公司起码应该有公司营业执照、施工企业资质证书、设计资格证书、行业协会会员证书；公司有固定的经营场地，从公司规模的大小也能够看出公司实力的大小。

2. 专业水准

一个好的装修公司不仅应具备基本的资质，而且还要有良好的管理，最好能到装修公司正在施工的工地现场去进行详细考察，通过看现场管理，看现场的材料堆放，看现场的清洁，看有没有施工指示牌，看现场有没有人抽烟等细节来分辨一个公司的好坏，一个好的公司必定有完善的管理制度和奖惩措施。

3. 施工队的技术水平

公司的各个施工队哪个质量比较好也很关键，同样需要到现场观察，看其工艺是否规范，做工是否细致，有没有材料浪费，不要看那些所谓的样板间，要看正在施工的工地，认为不错的工地要记住是哪个工长包的，一般正规的装修公司墙上都有展板，上面写着设计师、工长、用户的名字；同时施工队是否有实力，从他们使用的工具上也能窥见一斑，目前装饰工程电动化程度很高，一般有实力的施工队为了提高质量和效率，都普遍使用电汽泵、射钉枪等工具了。

4. 信誉也很重要

公司的信誉意味着售后有了保障；售后服务也是装修所不能忽视的一环，好的装修公司不但讲究设计和做工，更注重服务，服务做好了也就有了口碑有了信誉。有些装修公司为了签单子喜欢做这样那样的优惠活动，不要轻易被赠品和优惠之类的许诺所打动，一定要仔细研究合同条款，赠品的品牌型号也需要事先谈妥，最好能先看样品，尽量选择信誉良好的装修公司。

5. 并不是越便宜越好

通常正规的装修公司都会明码标价，凡是装修公司轻易许诺给消费者在报价的基础上下调超过 20% 的，该公司肯定会在材料或工艺上另想“办法”，或“节约”材料或降低质量。一般装修公司正常的优惠幅度应该在 5% ~ 15% 之间。另外，消费者在讨价还价时要把握分寸，价格不是越便宜越好，而应该让装修公司有合理的利润，才能确保装修工程的质量。

有些消费者同时会到几个公司咨询，最后选择一个报价最便宜的装修公司。当时也许会认为占了便宜，但最后可能会上当受骗。因为各公司之间有很大差异，规模、管理、材料、工艺水平都会影响报价，公司的报价也不是越低越好。

6. 第三方监理

可以跟装修公司讲要求聘请第三方监理，如果装修公司有抵触或说有自己的专业监理就要注意，防止出现“裁判、运动员是一家”的局面。

洽谈中需要掌握的技巧

家庭装修，对于任何一个刚刚拥有新居的业主来说，都不是一件小事。可是装修效果的好坏，又与装修公司的优劣有着密切关联。想要达到满意的装修效果，那么在与装修公司进行洽谈时，一定要掌握以下三大技巧。

1. 初步接洽家装公司

在与装修公司进行洽谈时，首先被提出的可能就是报价了。通常装修公司的报价方式有两种：一种是业主报出想投入多少钱，由装修公司结合业主的要求，开始设计和报价；另一种是业主提出居室装修的具体要求，由装修公司报出实现业主的要求要花多少钱。为了避免装修公司把“底”探走，我们通常都愿意采用第二种洽谈方式，让装修公司先报价，总觉得这样一来，自己有个比较和还价的余地。其实不然，这样做往往只会耽误了自己的时间，从而拖延施工进度。因为所有正规的装修公司的利润率都相差无几，所不同的只是设计力量和售后服务有好有坏。所以在与装修公司开始接触时，最好直接将自己准备花多少钱，想达到什么样的效果，向装修公司表达。如果装修公司同意承接业主的家庭装修工程，才能进入具体的设计、报价和协商阶段。

2. 确认设计讨价还价

如果我们已与装修公司达成了一个初步的意向，那么紧接着就应向他们提出具体的细节要求，并让他们进行实地测量。不久之后，公司会将设计图以及一张详尽的报价单交给我们，上面会列有非常具体的用料和施工量。在拿到这份材料之后，我们首先要看设计是否符合自己的要求。业主当然可以请设计师来解释这份设计方案，比如说一些空间的处理、材料的应用等。在确认了设计方案之后，还要仔细考察报价单中每一单项的价格和用量是否合理。

3. 杜绝装修合同漏洞

报价得到了确认之后，我们就应与装修公司签订一份施工合同或协议书。在这份合同中，业主要注意以下三个问题：

（1）装修的具体要求和完工日期必须要在合同中明确地写出来。有些人在与装修公司签订合同时，没有注意到这点，结果给某些装修公司粗制滥造和拖延工期埋下了“伏笔”。

（2）所使用装饰材料的具体品牌或型号也要在合同中注明，以免有些装修公司以次充好。

（3）相关的保修条文也是必不可少的，而且还应分清责任：如果属于施工或材料的质量问题，装饰公司应承担全部责任；如果属于用户使用不当，双方可协商处理。

怎样看懂装修预算书

在签订合同前，装修公司往往要给消费者提供设计方案和一份预算书。这份预算书是你和装修公司洽谈的根据，如果你能“吃透”这份预算，并以此为依据和装修公司讨价还价，不仅能节约装修预算，还能在签订装修合同时，预防很多施工中的问题。

详细的预算是与图纸相对应的。图纸上所绘制的每项将要发生的工程，都会在预算书上体现。主要材料的品牌及型号、种类也会在图纸及预算书上标志。你只要根据实际的面积，以及装饰材料的品种和价格，很容易了解到装饰公司是否“多报冒领”。根据一般的工程损耗，装饰材料多出 5% ~ 10% 的用量属正常范围。

另外，一些未在图纸上出现的工程，如线路改造，灯具、洁具的拆安也会在预算书上体现。你可根据图纸上的具体尺寸核定预算。

需要注意的是，预算书上的单位价格都是加上工费之后的价格，有时要比实际价格差出很多。你可以向装饰公司仔细询问价格的制定过程。

1. 工艺做法

很多装修公司给消费者的预算书上，只有简单的项目名称、材料品种、价格和数量，而没有关键的工艺做法。你要要求设计师在预算书中加入工艺做法，或对预算中每个项目的工艺做法作详细说明。因为具体的施工工艺和工序，直接关系到家庭装修的施工质量和造价。没有工艺做法的预算书，有很多的不确定因素，会给今后的施工和验收带来很多后患，更会给少数不正规的装饰公司偷工减料、粗制滥造开了“方便之门”。

2. 面积测算

有些装饰公司会故意在预算中多报施工面积，以获得更高的利润。尤其是在墙面这一项上，少数装饰公司会多报涂刷面积。一般一个空间的地面和墙面之比是 12.4 ~ 12.7，有些装饰公司甚至报到 13.8。另外，按照以前的惯例，门窗面积按 50% 计入涂刷面积。其实目前很多家庭都包门窗，门窗周边就不用涂刷了，但有些装饰公司仍按照 50%，甚至按 100% 计入墙壁涂刷面积。

3. 相关费用

在预算书的最后，会有一些诸如“机械磨损费”“现场管理费”“税费”和“利润”等项目，这些项目其实都属于不合理收费。“机械磨损”是装修中必然发生的，“现场管理”则是装修公司应该做到的，这两项费用其实都已经摊入到每项工程中去了，不应该再向消费者索取。而根据“谁经营谁纳税”的原则，装修公司的税费更不应该由消费者缴纳。将“利润”单独计算，是以前公共建筑装修报价的计算方式，目前装修公司已经把利润摊入每项施工中，因此不应该重复计算。

在此需特别提示的是，一些业主对工程报价不摸底，总认为里面有水分，所以拼命压价。其实，这样做是错误的。有的业主认为预算书就是报个价，看了报价单后就急于与装饰公司讨价还价，争论不休，这种做法并不聪明。一份完整与合格的预算书绝对不是简单报个价，如果价格没有与材料、制造或安装工艺技术标准结合在一起，或者说，报价单所报的价格没有注明使用何种材料或材料说明，又没注明材料产地、规格、品种等，该报价是一个虚数或是一个假价。所以，报价单中最重要的和最需关注的不是价格，而是“材料结构和制造安装工艺技术标准”一栏。

巧妙识别家装公司的花招

据业内人士爆料，当前装修领域存在诸多花招，提醒业主多加注意。

1.“资质证明？我有。”

承接家庭装修的装修公司必须具备相应的资质证书。有些装修公司属挂靠、承包企业，也有些装修合同当中故意漏写“委托代理人”等条款，一旦出了问题就找不到人。

2.“忽然想起来一个好点子。”

有些装修公司在报价时会故意把一些需要的工程舍弃掉，等签了合同后再“增添”项目。如果未能在签合同前加以预防，业主就只能吃哑巴亏了。

3.“帮帮忙吧，别那么较真儿，大家挣钱都不容易。”

有的业主在装修结账的时候，仅布线一项，就用去 180 多米的电线，这些电线完全可以在屋内绕上 3 圈。

4.“只有进口石材才能达到效果。”

即使有价格比较便宜、装饰效果更好的装饰材料，设计师在设计中也不会采用，因为建材商会给装饰公司或设计师回扣。

5. “二百都花了，还不如再贴一百买个好的。”

装修预算就是这么超支的。一些装饰公司以低价接下了工程，必然会在下面的装修中布下“陷阱”。“低价”是“钓鱼”的“诱饵”，施工合同一签，装修公司便开始“收线”了。

6. “这房间的隔断里应该做个柜子吧。”

水电工和木工活是赚钱的大头，所以包工头不劝说才怪呢。再说，木工活是在业主家干的话，占场地、脏乱差，而且油漆味浓。

7. “看不见的地方就凑合了。”

业主一般对木工、瓦工、油工等这些“看得见、摸得着”的常规工程项目比较注意，但对于隐蔽工程和一些细节问题知之甚少，不少施工人员常在此做文章。

8. “这些废品我们帮您扔了啊。”

也许卖掉的东西不是很值钱，但不经业主同意随意卖就是原则性问题了。最好提前说清楚，这是规矩，也是规定。

9. “装修中如原品牌材料没货时，乙方（装修公司）可临时更换相同材料。”

这是典型的偷换概念，在合同文字上设圈套。这种“相同材料”可有多种解释，是同质量的同品牌的还是同价格的，条款均没有写明，弄假空间非常大。

10. “修改了三四回的报价单，不会有问题了。”

正式签订合同前报价单要修改很多次，最后装修公司会给业主一个最后确定的样本。这时一定要注意核实，一些装修公司或工头可能会在工艺说明或面积上做手脚。

11.“我们都是专业采购、统一配送。”

号称专业采购，实际上一些不正规的装修公司，实力不够无法达到统一采购和配送而采用街边采购的方法，价格既低廉又能拿到回扣。

12.“逛建材市场，我认识几家信誉好的。”

有些包工头十分“认真负责”地陪业主逛材料市场后，不是说这家质量不好，就是说那家价格有诈。当业主精疲力竭时，就会不失时机地推荐几家“信誉较好”的商家。

13.“材料进场时等级相当明确。”

用什么材质、什么规格、什么等级的产品，工头最清楚不过了。如果业主不细心、不关心，那劣质材料就这样偷偷进场了。

14.“您看装修中期款什么时候能先付了？”

刚开工没几天，工头总会说要进材料，而且中期工程已经到了，催着业主付中期款。签合同的时候最好把什么环节、什么标准、交什么钱规定好，免得再生事端。

15.“放心，这样安装安全得很。”

有些装饰公司为了省钱省时，往往直接暗埋电线。这样一来，如果电线发生意外被烧毁，重装电线时就得先破坏掉整个墙面，结果可想而知。

16.“单项面积已经算得很清楚了。”

一般业主只是关注单项的价格，至于实际的面积一般是估算，而这一块是家装公司或工头做手脚的地方，如果每项面积都稍微增加一些，那么少则多花几百元，多则几千元。

17.“装修工头的水电工是全能工。”

一些家装公司的水工和电工都是同一人，他们既没有上岗证，更算不上专业。水电这种隐蔽工程，一旦出了问题，麻烦就大了。

18.“我买的好建材都去哪里了？”

工人可能把拉回现场的质量好、大品牌的乳胶漆用劣质产品替换，再把那些优质漆偷卖或转移到别处使用。

装修合同中的关键条款

在如今装修市场还比较混乱的情况下，合同可谓是我们解决装修工程纠纷的主要依据了。我们一定要清楚，装修合同是我们与施工队明确双方权利、义务的约定。因此，在装修前一定要与他们签订合同。

通常来说，一份家庭装修合同应该要写明以下主要条款。

1. 合同双方当事人的姓名、电话以及联系地址

我们在此项条款后面最好还附上工程承揽人的身份证复印件、营业执照副本复印件、包工头的家乡或单位出具的外出施工证明，把它作为合同的附件。以备日后在发现严重的工程质量问题时，能够找到承担责任者。

2. 装修工程的具体地点、面积以及施工项目

我们应该对照施工图力求详尽。在施工过程中如果需要修改合同或设计，必须签订书面修改协议。

3. 承揽方式

一般来说，有清包、半包、全包、套餐等方式。我们可以选择其中一种方式，并约定是否允许转包、分包。

4. 工程队的施工依据和竣工验收的标准以及质量验收标准

通常设计图和效果图、工序和进度表应作为合同的附件由双方签字确认，这些文件是工程队施工的依据，也是竣工验收的标准。至于工程质量验收标准是一个比较复杂的专业技术问题，但我们不妨在合同中约定，工程质量可根据如《北京市家庭装饰工程质量验收规定（试行）》这

样的文件验收。尽管实际上我们不可能按标准去验收，但合同中有明确的规定，对装修公司的施工行为会起到一定的制约作用。

5. 装修费的支付方法

装修费用我们可以采用一次性付清或者分期按进度支付两种方法。如今，大多数的家庭装修工程都采用按工程进度分期支付装修费的办法，有一些工程质量问题只有我们入住后才能发现，适当留住一部分装修费，会使我们的工程维修相对有些保障。但是必须在合同中明确规定具体的支付时间和金额，并约定保留大约5%的装修费至工程验收完毕、入住时间满两个月时支付。

6. 装修材料的保管及赔偿责任

在施工过程中，装修材料一般是由暂住在我们家里的施工队看管的，有的施工队借此机会偷走装修材料，或以劣换好。因此，我们最好在合同中约定装修材料由工程承揽人员负责保管，如有丢失或被换，则由承揽人赔偿责任。

7. 保修期限

通常来说，一个装修工程的保修期是一年，但是承揽人若愿意，我们也不妨把保修期约定得长一点。

8. 工程期限以及违约责任

不少的工程队都会同时承接几个工程项目，然后再交叉进行施工行为，这样很容易造成工程期限的延长。因此，我们必须对工程期限和违约责任进行约定，保障装修工程能按期完工。

家装合同可能出现的陷阱

根据相关部门统计，由于家装合同欺诈而引发的纠纷占家装纠纷的七成以上。在此，为您揭秘家装合同中常见的陷阱和埋伏，并提醒消费者利用装修合同更好地维护自身合法权益。

1. 自购建材成“负累”

我们通常对于家装公司所购买的建材都会比较谨慎，会比较严格地审查其品牌、厂家等，并在合同中注明。但是，对自己所购买的建材却很容易粗心大意，这往往给家装公司留下了把柄。有的人总觉得自己采购的东西肯定没有问题，就不在合同中注明，一旦出现问题，家装公司就会据此推卸责任，说是业主购买的建材有问题。因此，如果我们自己购买装修材料，那么在合同中务必要标明产品的序号、名称、厂家、品种、规格、数量等内容。

2.“增项”暗藏机关

在装修过程中，可能会有一些“增项”情况发生，不少家装公司往往利用这一条款来钻空子，胡乱收取费用。在我们的家装合同中，一般都会有这样的约定：除由于施工方的原因造成的增项外，业主要求修改和增加的项目由业主承担费用。比如，在下水管道的改造中，只标明水管的价钱，但不标明需要用多少管道。最后，实际使用了多少，只能听家装公司的说法了。对于埋藏在墙体内的电线等，就更容易发生此类状况了。

3. 模糊词汇生事端

我们在与家装公司签订装修合同时，难免会有一些含糊不清的词汇，到最后会给责任认定带来隐患。比如最常见的“按实际发生额计算费用”等。“按实际发生额计算费用”是个水分很大的概念，什么是实际发生额，也不好界定。一方面，业主无法限制工人的施工损耗，另一方面，工人的人工费用计算也不统一，有按人头算钱的，也有按项目工时算钱的，业主很难准确地掌握有多少工人干了多长时间。

4.“保修”不可轻信

对于装修合同里的“保修”，其实我们不要寄予厚望，保修期长短不一，一般 1 ~ 3 年。但实际上，只要装修完工时没有出现质量问题，保修的实质意义就不大了。因为一旦工程出现了问题，也很难界定是什么原因引起的。

例如，门突然开裂了，家装公司要么会把责任推到建材商身上，要么就说是因为家里的环境太干燥，虽然现在有的合同也约定，在保修期结束后，业主才付质量保证金（即尾款）。但这部分款项通常只占工程款的 5%。实际上，家装公司早就从其他地方把这点钱找齐了。即使出了问题，业主拒付质量保证金，家装公司也没多大损失，事情也就这样不了了之了。

预算先行

算好“四笔账”，不花“冤枉钱”

不同的家庭，价值取向、审美情趣、收入也各不同，不过一谈到家庭装修，谁都希望有个尽可能便宜又尽可能好的预算。

一般来说，装修家庭在进行装修预算时应考虑以下四个方面的问题。

1. 时间账

因为家庭装修的前期工作很多，所以在装修前一定要留出足够的时间做好，如设计方案、用料采购、询价和预算等工作。前期准备得越充分，实际花费也就越低，正式装修时施工速度才能越快。如果是自己备料的装修家庭，那么就更要安排好采购备料的顺序，要比装修进程略有提前，以防误了工期。

2. 设计账

主导思想是以经济实用为主的装修家庭，不妨可以自己来设计，最多请别人画一下图。但如果要追求装修的个性化和艺术品位，注重空间的合理、充分利用，那么最好还是请室内设计师来做设计。设计费用一般占装修总费用的3% ~ 5%，这笔钱在装修之前就应该考虑到预算中。当设计师把设计草图交给装修家庭时，为了不给自己留下潜在的隐患，那么除了要关心整体效果、舒适程度外，同时还一定要询问清楚具体细节，如是否坚固、是否耐用等。

3. 材料账

如今，销售装饰材料的超市、专卖店很多，想要做到心中有数，我们只要多逛几家就可询问到市面上真正的材料价格。然后，让装修公司列出详细的用料报价单，并且让其估算出用量，以防有些装修公司“偷工减料”。只有做到“知己知彼”才能更好地与装修公司谈价，并与之制定出整个装修所需材料的合理预算。

4. 权益账

在装修合同中，弹性最大的一部分就是装修费了，因此在与装饰公司签订合同时一定要算好权益账。付给装修公司的装修费用应根据装修的劳动力水平、难度、以往的业绩等具体情况而定。

为了保证装修预算能够合理使用、不会超支太多而签订的装修合同，也是我们在法律上的保障。合同内容应包括使用的材料、指定品牌及双方认同的价格。并且一定要就装修时间、进度以及付款方式定下详细条款。合同中还必须注明保修期，因为通常情况下，装修家庭验收时很难发现质量问题，等过了一段时间才会暴露出来。

施工面积及工作量的计算

要计算工作量，必须先知道居室的面积。面对新居，很多业主不知道怎样计算自己的装修面积，心中没底。其实搞装修，一定要算清面积，首先审核预算方案时要有核对依据，做完装修要验收结算时一定也要知道准确面积。

计算施工面积的方法是有章可循的，并不复杂。家庭装修中所涉及的项目大致分为天棚、墙面、地面、门、窗及家具等几个部分。

1. 顶面面积的计算

涂料、吊顶、顶角线（装饰角花）及采光顶棚等是天棚（包括梁）的装饰材料。天棚施工的面积均按墙与墙之间的净面积以“平方米”计算，不扣除间壁墙、穿过天棚的柱、垛和附墙烟囱等所占面积。顶角线长度按房屋内墙的净周长以“米”计算。

2. 墙面面积的计算

涂料、石材、墙砖、壁纸、软包、护墙板、踢脚线等是墙面（包括柱面）的装饰材料。计算面积时，材料不同，计算方法也不同。涂料、壁纸、软包、护墙板的面积按长度乘以高度，单位以“平方米”计算。长度按主墙面的净长计算；高度：无墙裙者从室内地面算至楼板底面，有墙裙者从墙裙顶点算至楼板底面；有吊顶天棚的从室内地面（或墙裙顶点）算至天棚下沿再加 20 厘米。门、窗所占面积应扣除（1/2），但不扣除踢脚线、挂镜线、单个面积在 0.3 平方米以内的孔洞面积和梁头与墙面交接的面积。镶贴石材和墙砖时，按实铺面积以“平方米”计算，安装踢脚板面积按房屋内墙的净周长计算，单位为米。

3. 地面面积的计算

木地板、地砖（或石材）、地毯、楼梯踏步及扶手等是地面的装饰材料。地面面积按墙与墙间的净面积以“平方米”计算，不扣除间壁墙、穿过地面的柱、垛和附墙烟囱等所占面积。楼梯踏步的面积按实际展开面积以“平方米”计算，不扣除宽度在 30 厘米以内的楼梯井所占面积；楼梯扶手和栏杆的长度可按其全部水平投影长度（不包括墙内部分）乘以系数 1.15 以“延长米”计算。对于栏杆及扶手长度直接按“延长米”计算。对家具的面积计算没有固定的要求，一般以各装饰公司报价中的习惯做法为准：用“延长米”“平方米”或“项”为单位来统计。但需要注意的是，计量每种家具的计量单位应该保持一致，不宜出现多种计量单位的现象。

面积算好之后，再计算工作量也就有了依据，家居装修工程虽不大，但涉及工种较多，而且所用的材料也多，工程量的计算一般是根据施工中每个单价项目来计算所用的材料的消耗量及人工消耗量。

其中材料的消耗量也是根据装修展开面积计算，然后加上合理损耗。而人工工资消耗量则是参照国家编制的施工人员标准定出来的，不同的工种作业工时标准不同，地域不同也会有所不同，而家庭装修工时计算比国家标准稍宽一点，因为家庭装修工种齐全，要求高，作业面小，工程量少。

施工面积和工程量都算出来了，再和装饰工程每个分项的单价（包括材料费、人工费、辅料费）相乘，既可得出分项价格，再把各分项工程的价格相加，那么您家里大致要花多少钱心中就有了一个底，很多装修公司的综合预算报价就是利用这样的计算方式。

降低家装预算的方法

家装预算是业主根据材料、人工等一些费用来合算的总费用，所以，这个预算在实际执行中还是可以变化的，如果业主还想降低装修预算的话，不妨来试试下面这些办法。

1. 主次分明

在家居生活中，客厅是主要的活动空间，它最能体现主人的文化层次和品位修养，所以在装修客厅方面要花大力气和资金，营造美观大方、个性突出、功能齐全的空间。其次是书房，书房一般有大面积的书架，木工活在装修工艺中费用最高，因此书房的费用不会低。厨房、卫生间的使用功能也比较突出，由于现代人品位的上升，这部分的花费也不在少数。卧室的装修不妨简单一点，因为这是一个纯私密的空间，可以完全按照个人喜好来布置，注重温馨与轻松氛围的营造。

2. 货比三家

装饰材料的质量往往分上、中、下三个等级，但同等级的材料又会因你对市场的考察不周而出现价格上的很大差异，因此，“货比三家”不失为降低装修预算的好办法。

3. 做到大多数便宜小部分贵

根据家居的具体情况，大部分的材料可用中等材质，如木地板、地砖等，而如陈列格、墙壁雕花等画龙点睛的地方就应该用好一点的材料。

4. 邀请设计师同去

采购材料时，最好请专业人士或装修工人同去，他们最清楚哪里能买到物美价廉的材料，能够节省时间，而且由于他们是材料市场上的老主顾，材料商们也会尽可能地给他们优惠。

5. 避开装修旺季

暑假和年尾一般是装修旺季，工价高、材料贵、人手紧，因而这段时间的装修价格通常会上浮。所以业主可以根据情况选择自己的装修时间，不一定要挤在旺季。

6. 不找过大的装饰公司

不要找过于大型的装饰公司。因为公司的规模越大，运作成本就越高，为了实现利润，收费也会相应偏高。

7. 别找新开业的装饰公司

最好不要找新开业的装饰公司，因为新开业的装饰公司很可能存在管理不完善的问题，特别是施工人员的失误，会给装饰公司造成经济损失，这些损失有可能最终转嫁到业主身上。

8. 找对专业人士

倘若装饰工程不是很小，最好请专业设计师进行设计，这样能够将各项开支都落到实处，并能取得较好的装饰效果。

第二章

精心设计：艺术与实用并存

当你有了新居后，规划设计便开始了，哪些是装修重点、如何布置，心里都要先有个“谱”。无论是自己安排，还是请专业公司精心设计，心里有数都是至关重要的。

设计是家庭装修的灵魂

设计是家装的“灵魂”，已经成为许多人的共识。把自己的家装饰得美丽、温馨、舒适是每个人的家庭装修梦想，为了让这个梦想成真，我们就必须找专业室内设计师进行家装整体规划和设计。在强调“以人为本”的现代室内家庭装饰中，设计除了必须展示户主个性化的遐想之外，还须满足户主一切功能上和风格上的要求。因此设计师和户主之间融洽的交流，细致的沟通，是家装成功与否的基础。其实设计就是将自己的想法告诉设计师，设计师利用专业知识和丰富的设计经验，努力将想法变成现实。

在实现户主要求方面，一个优秀的室内设计师将可以满足户主的一切要求。利用丰富的专业知识，以及通过与户主的充分沟通，设计师能够尽量揣摩户主的想法，然后在图纸上构建一个完美的家居环境。根据这个初始设计，再展开后续的工作。而预算的制订、装饰材料的购买、工程队的进场施工，以及后续的家具和装饰品购置，也都要依照设计师的设计来实施。

由于在装修预算中，材料费是很大的一块，所以通过设计选择最合适的装饰材料，不仅能节约有限的开支，而且还有助于达到完美的装饰效果。在装饰材料的选用方面，设计师会根据您的要求和大致预算，选取性能较好、价格合理以及风格相符的装饰材料。家装设计的益处还延伸到施工工程中，设计中对于节约工费、施工工艺和工时的要求都十分明确，不仅能节约工费和装饰材料，而且能缩短工时、提高施工质量。由于每个住宅的建筑质量不同，所以设计师要根据实际情况来安排。

不进行整体设计、想到哪做到哪是家庭装修的大忌。也许某个局部和某个单件装饰，的确可以说是美仑美奂，感觉不错，可是等整个家装完毕之后，再看整体装饰效果，感觉差很多，这时问题就出在没有进行整体设计上。一个完整的家装设计，对于涵盖装修之后的配饰都有一个完整的设想。通过设计师的导购和指点，户主更容易选到既风格统一、又价格合理的家具和装饰品。例如，目前不少正规家装公司都能为户主提供从设计、施工到后期配饰、装修后的维修等的专业化的“一条龙”服务。这些专业设计师凭借着对市场的了解以及丰富的经验，往往能为户主省下不少宝贵的时间和金钱。

有时，家装设计还会影响到家庭装修的售后服务。因为设计师会为户主提供一份包括各种水、电、暖气的管线图纸，还有各种固定家具的制作图等，这些图纸在今后的装修中，往往能起到关键作用。而且设计师往往对装修工程最清楚，所以在今后的维修中能够助你一臂之力。

家装设计原则

家庭装修设计要注意很多的事项，遵循很多的原则。否则房子装修出来会遇到很多的问题，在此，笔者就给大家讲一讲在装修过程中应该注意的装修原则，希望能够给大家一定的帮助。

1. 安全

进行家装设计，一定要将安全因素摆在首位。设计师不但要选用环保材料、设计安全家具，还要充分考虑防火、防盗、防伤害。为保护老人、儿童、残疾人士不受伤害，卫生间要选用防滑地砖、设置扶手，阳台窗栏要高于 1.2 米，吊灯安装要紧固，家具设计要少棱角，不要用镜面做大衣橱的移门，玻璃台面不要出现锐角，铁艺装饰要经过打磨去除铁刺，楼梯和顶面的距离要保证上下楼时不碰头，电视柜与沙发距离最好距离 3 米以上以保护视力，防盗门窗的选用要讲究品牌，要坚固耐用，等等。通过一系列设计防护措施，使安全得到保证。

2. 适用

设计师若想将有限的空间关系调整到最令人满意的程度，设计出一个功能齐全、布局合理的家居方案，就要正确处理好人与人、人与物，以及人与环境之间的关系，使家庭成员的个人单独支配空间和公共享用空间安排得周到妥贴，使居室成为理想的生活、工作、学习和娱乐的环境空间。

3. 经济

设计师要根据业主的实际经济能力，在业主的预想投入上进行造价框算，以确定家装的档次和目标。再经过精心设计，把各种材料进行巧妙组合，发挥材料不同质感、颜色和性能的优越性，达到少花钱、多办事的目的。

4. 习惯

家庭装修要的是艺术美的追求，但必须以尊重主人的生活习惯为前提，艺术取向要与生活价值取向一致，与生活习惯和谐。

5. 个性

首先，要尊重户主的自主权。其次，要根据每个人的嗜好选择突出其居室的特征。在设计中个性的表现主要是通过居室空间内的造型、造景、色彩运用和材料选择来体现的。要正确表现装修个性，任何家庭在装修时都要借助一定的参照物，很多人不顾家庭的生活需要，选择宾馆饭店作为家庭装修的样本，就不可能反映出家庭的特点。

6. 美观

一个家装设计如果想具有强烈的个性色彩，达到共性美与个性美的和谐与协调，那么，设计师必须要充分考虑家庭每个成员的个性特长、情趣爱好、文化修养，将这些因素与家装时尚、潮流综合分析，使造型、装饰、图案、色彩等艺术手法融汇到风格中去。

7. 环保

装修也要树立环保意识。在材料的选配上应首选环保材料，注意节能、降耗、无污染，特别要在采光、通风、除臭、防油等方面下功夫。

家装设计要素

自从人类有了建筑活动，室内就是人们生活的主要场所。随着社会的进步和发展，人们对室内环境的要求也在不断更新和提高。室内设计的任务就是综合运用技术手段，考虑周围环境因素的作用，充分利用有利条件，积极发挥创造性思维，打造一个既符合家庭生活物质功能要求，又符合人们生理、心理要求的室内环境。

1. 空间

空间合理化并给人们以美的感受是设计的基本任务，我们要勇于探索时代技术赋予空间的新形象，不要拘泥于过去形成的宅间形象。

2. 色彩

室内色彩除对视觉环境产生影响外，还直接影响人们的情绪、心理。科学地运用色彩有利于生活，有助于健康，色彩处理得当既能符合功能要求又能取得美的效果。室内色彩除了必须遵守一般的色彩规律外，还随着时代审美观的变化而有所不同。

3. 光影

人类喜爱大自然的美景，常常把阳光直接引入室内，以消除室内的黑暗感和封闭感，特别是顶光和柔和的散射光，使室内空间更为亲切自然。光影的变换，使室内更加丰富多彩，给人以多种感受。

4. 装饰

室内整体空间中不可缺少的建筑构件如柱子、墙面等，应结合功能需要加以装饰，可共同构成完美的室内环境。充分利用不同装饰材料的质地特征，可以获得千变万化和不同风格的室内艺术效果，同时还能体现不同地方的历史文化特征。

5. 陈设

室内家具、地毯、窗帘等，均为生活必需品，其造型往往具有陈设特征，大多数起着装饰作用。实用和装饰二者应互相协调，争取需求的功能和形式统一而有变化，使室内空间舒适得体，富有个性。

6. 绿化

绿化已成为改善室内环境的重要手段。室内移花栽木，利用绿化和配饰小品可以沟通室内外环境、扩大室内空间感及美化空间。

室内设计是以创造良好的室内空间为出发点，把满足人们在室内生活、休息的要求置于首位，所以，在室内设计时要充分考虑其“人性化”的使用功能，使室内环境合理化、舒适化、科学化。

家装设计需要注意的环保问题

有个问题可能令不少人感到很疑惑，在装修时明明选择的是环保材料，可为什么装修以后室内空气还是有污染？其实，这里有一个合理选择装修设计方案的问题。

但是，这里所说的设计并不是指我们对房间整体的结构材料和布局的设计，比如墙面是刷漆还是贴壁纸，地面铺什么材料，家具体积的大小和选用材料等等。而所指的是在确定家庭装修设计方案时，要特别注意空间承载量、材料的使用量、室内通风量和留好提前量四个方面。

1. 合理计算房屋空间的承载量

其实不论是什么装饰材料，就算是符合国家室内装饰材料有害物质限量标准的材料，都会释放出一些有害气体，它们在一定的室内空间中也会造成室内空气中有害物质超标的情况，因此我们一定要计算好房屋空间的承载量。

2. 搭配各种装饰材料的使用量

选择单一材料，很容易造成室内空气中某种有害物质超标。我们在选择地面材料时，最好不要使用单一的材料，因为地面材料在室内装饰材料中使用比例是比较大的，应该搭配多种装饰材料来使用。

3. 室内要保证有一定的通风量

室内通风量对于每个家庭来说都是十分重要的，我们千万不要人为地阻挡室内的通风。按照《室内空气质量标准》，室内通风量应该保证在每人每小时不少于 30 立方米。比如厨房、卫生间的通风，有条件的家庭可以安装室内通风机或有通风功能的空调器，一些通风状态不好的住宅楼更要注意。

4. 为室内购买家具和其他装饰用品的污染物留好提前量

室内的空气污染是由多种污染物质在室内空气中累加的，若是我们没有为这种污染物留好提前量，在购买家具和其他装饰用品时，这些物品中释放出来的有害气体就会造成室内污染物质超标。

人们常说，装修房间是为了美观，也有人说装修是为了舒适。诚然，这些通过装修都是可以实现的。但不可忽视的是，如果仅仅为了达到美化的目的而造成了室内环境的污染，如果仅仅为了一时的“舒适”而要以长久的危害生命健康为代价，这样的装修就是违背绿色装修本意，即“以人为本，在环保和生态平衡的基础上，追求高品质的生活空间”。我们必须要明白，这里所说的高品质的生活空间是以达到环保和生态平衡为首要条件的。

家装设计警惕五大误区

随着人们对居住质量和居住环境的要求越来越高，构筑安全、舒适的居住空间已成为人们的时尚追求。与之相伴随的是，家庭装修设计思路有误也会造成生活不便，严重的还会带来安全隐患。

1. 别让“膏药”贴满墙

有不少家庭为了让东西挂起来不占地方，十分喜欢在门厅、门后边或是洗手间安上衣钩、衣架、吊柜。这些陈规陋习不仅使屋里显得乱糟糟的，更是对视觉空间的极大侵占，而且这些吊起来的柜子里大多放的是常年不用的东西。其实，在不影响视觉空间规律的准则下，在拐角处辟一处衣帽间或贮藏室、贮藏柜分类摆放才是最好的办法。

2. 别让漂亮布艺迷住了眼

人们很容易被那些漂亮的布艺给迷住了眼，其实那些厚重、样式复杂的窗帘不仅昂贵，还在无形中影响了视觉空间，特别建议大胆尝试一下百叶窗，它没有窗帘盒、窗帘架的压抑感，而且百叶调节后的冬暖夏凉的感觉会使你获得意外惊喜。

3. 别让层次太平庸

室内设计最好能有一定的层次感，不要一眼看去只是一个平面，那样显得有点太平庸。我们大可在落地窗边打一道高 20 ~ 30 厘米，宽 50 ~ 60 厘米的边，也可将整个落地窗的阳台打上地台，坐在或躺在地台上看书看风景就更有感觉了。也可以以门厅、客厅与餐厅的功能区衔接处为界将餐厅打成地台，以餐厅与开放式厨房的衔接处为界形成三级地台。地台一级为 6 ~ 7 厘米，两级不超过 15 厘米。也可以以客厅与书房的衔接处为界，在客厅打一个二级台阶，或者在客厅和落地窗阳台的衔接处打上一个三级地台。“错落有致”会大大提升视觉空间层次感、新奇感和回归感。当然，这样做的前提是房子要足够大，且有适合的层高。

4. 别让“边角”不露脸

在家装中，人们十分容易忽略踢脚线对视觉空间的侵占，有的踢脚线很厚，给房间带来一种厚重感。最好不要在房间内打吊柜，如果是立柜切记不可打到顶，留出10～20厘米就能将宝贵的室内天穹显露出来了。

5. 别忽略了起居室

在家庭装修中，人们往往在客厅投入大量精力，而容易忽略起居室的功能和地位。其实，家里虽然不会每天有客人来，但家人每天的团聚也是不容忽视的。因此，建议将紧挨主卧的客厅辟为起居室，营造一个相对干净的空间以便看电视、阅读等，如家中另有客厅最好，如无单独的客厅，可将餐厅兼作客厅，并在餐厅里置一对小沙发或软靠椅。而餐桌、餐椅宜选择硬木的，方便待客之后的打理。

家装设计中的三个陷阱

良好的设计是家庭装修成功的一半。由于许多消费者对家装设计认识有限，只能靠印象、效仿来请设计师，而相当一部分所谓的装修设计师，其实对室内设计的专业知识掌握不足，对室内设计的目的不够明确，对装修的理解也比较肤浅，甚至给业主设下种种陷阱。在此，业内人士提醒业主多加注意，小心避开这些陷阱。

1. 利用效果图诱你上钩

如今，不少装修公司见有客户上门，设计师们就会忙不迭地拿出一大堆室内设计的平面图、立体图和效果图。有的设计师还会直接在电脑上运用软件进行演示，展示“装修完毕”后的新居室的三维立体效果。而消费者看过这些逼真的效果图之后，往往会感到十分心动，甚至当场拍板、付钱。

效果图其实不可轻信，因为一些设计公司为了让你相信效果的真实性会采用各种各样的技术手段，制作出效果最佳的图纸。例如，一间四五平方米的卫生间，在设计师的镜头下就变得宽敞无比、气派非凡，这是因为设计师在拍摄样图时选用了广角镜头。此外，效果图上展现出来的灯光、色调等，大多是设计师们利用专业电脑软件反复修饰而成的，与自然条件下的实际效果常常相去甚远，这些图纸的真实性、可操作性都有待施工时检验。

2. 不必要的装饰耗你钱财

目前，相当一部分消费者存在“家居装修要一步到位”的错误观念，而不少家装设计师就利用消费者这种不成熟的消费心理，在家装设计方案上大做文章。

有的设计师在家装设计中故意增加装修项目，不需要做柜子的地方加上个柜子，没必要吊顶的地方非要做上一圈吊顶，不应该凿墙挖洞的地方硬生生地凿出一个洞来。这种纯粹为了装饰而装饰的设计做法带来的后果是家装报价不断提高，而设计师的提成也就水涨船高了。

与复杂的装修不同的是，正规的家装公司大多提倡“空间”概念。即室内所有造型都不要占用“空间”，设计师要寻找一种新的装饰语言来表达和利用“空间”，让“空间”更具延展性，更具备适合居住的舒适性和方便性，无论是墙面的凹凸变化，还是顶面的吊顶造型，最重要的目的是塑造空间，而不是盲目地图漂亮。这样才能做到空间与空间的相互交流，保持空间的相互渗透性和相互独立性，达到完美的家装效果。

3.“免收设计费”反而会让你更破费

消费者王女士曾向当地消协投诉，某装修公司许诺免收设计费，但先要缴付 2000 元装修定金。当王女士不满意设计方案打算另换一家装修公司时，这家公司当即翻脸要扣下几百元设计费。针对此事，一家装修公司的老总私下透露说，装修公司即使口头承诺免费，其实必定会在以后的装修施工中补回来，设计是装修工程的灵魂，成功的设计意味着装修工程完成了一半。设计是装修工程中重要的知识产权，怎么会不收费呢?

业内人士指出，消费者千万不可被装修设计公司许诺的低价所蒙骗，要注意设计师介绍公司情况时是否夸大其辞，有的设计公司会经常用到"没问题"这类的语言来搪塞，或者压低工程量，甚至遗漏计算项目，并且不向客户详细介绍工艺做法和质量标准。

各功能区的设计

家庭门面——玄关的设计

玄关是为了使外人不能直接看到室内人的活动，而在门前形成的一个过渡性空间，为来客指引方向，也给主人一种领域感，也有人把它叫做斗室、过厅、门厅。在现代家居中，玄关是开门第一道风景，也是一块缓冲之地。玄关虽然面积不大，但使用频率较高，是进出住宅的必经之处。

1. 玄关设计应遵循的原则

玄关在现代居所中正日益得到重视，其对于室内的整体设计而言，有着牵动全局设计风格的作用。玄关设计应综合运用灯光、木料、石材、玻璃、植物、纱幔等元素来体现不同的装饰风格，但无论用什么样的设计手法，都应遵循以下原则。

（1）缓冲视线。玄关位于大门的入口处，是从室外到室内的过渡区域。室外喧嚣、紧张，室内宁静、自由，这是两种不同的空间感受。玄关位于两者之间，会对人在心理、视觉上有一个缓冲，以令人适应这种状态之间的急剧变换。此外，玄关的设置还可为客人留下"视觉悬念"，当转过玄关看清客厅的全貌时，会给人“柳暗花明又一村”的感觉。

（2）间隔空间。居室设计最讲究空间规划，玄关的隔与不隔，怎样隔，都与周围空间的布局有着微妙的联系。对于大空间的居室来说，玄关是对内在空间的重新区分，能够创造出独立的主题、彰显主人的品位。

（3）储物收纳。玄关不仅具有装饰作用，还有很强的实用性。不论是小户型还是大户型的居室，玄关都要在兼顾视觉美感的同时，成为进门处脱衣、换鞋、放伞的集纳地，也是主人外出整理衣装、准备小件携带物的必需空间。

2. 玄关的设计形式

玄关的面积较小，一般来说主要有以下几种设计形式：

（1）玻璃通透式。以大屏玻璃作装饰，起到在遮隔或分割大空间的同时又保持大空间完整性的作用。

（2）格栅围屏式。主要以带有不同花格图案的透空木格栅屏作隔断，能产生通透与隐隔的互补作用。

（3）低柜隔断式。以低柜矮台来限定空间，既可储放物品杂件，又可起到划分空间的功能。

（4）半敞半隐式。隔断下部为完全遮蔽式设计。

3. 玄关设计的要点

设计精美的玄关，会令人在刚刚跨进门的时候感觉眼前一亮，精神为之一振，要想达到这种效果，玄关在设计时应注重以下几点：

（1）通透感。在进门处设置玄关，最大的作用是遮挡人们的视线，避免客人一进屋就对整个居所一览无余。但是，这种遮掩并不是完全的遮挡，而应具有一定的通透性，半透明的磨砂玻璃是较佳的选择。如果必须采用木板，应采用色调较为明亮而不花哨的木板，色调太深容易产生笨拙感。

（2）实用性。玄关同室内其他空间一样，也有其使用功能，就是供人们进出家门时更衣、换鞋、整理装束的地方。因此，玄关中应摆放适当的家具，如鞋柜、衣帽柜、镜子、小坐凳等。

（3）明亮度。玄关是人们出门前的最后驻留地，人们通常需要在此处整理自己的装扮，因此，应保证玄关的明亮度。由于玄关缺少自然光，在采光方面须多动脑筋——选用较为明亮的灯具，进行合理的灯具组合。

（4）风格。玄关对于室内的整体设计而言，有着启动全局设计风格的作用。玄关的设计风格应与房间的整体装修风格相一致，甚至还应成为家居整体设计风格和情调的浓缩。

多功能厅——客厅的设计

客厅可谓是一个多功能厅，它的主要功能是休息、会客、娱乐和视听，所以在进行客厅的设计时，需要围绕着这些功能展开，然后才可以根据个人爱好的不同，表现出不同的风格来。

1. 客厅整体设计的原则

在现代住宅中，客厅的面积最大，它的风格基调往往是家居格调的主脉，把握着整个居室的风格，因此确定好客厅的整体设计风格十分重要。

（1）个性鲜明。客厅装修是主人的生活情趣和审美品位的反映，讲究的是个性。所以客厅必须有自己独到的东西，体现出主人的人生观及修养、品位。

（2）分区合理。客厅既是全家活动、娱乐、交流等的活动场所，又是接待客人的社交空间，所以，必须根据家庭情况的不同，进行合理的功能分区。

（3）重点突出。客厅有顶面、地面及四面墙壁，因为视角的关系，墙面理所当然地成为重点。在四面墙中，应该首先确立一面主题墙。在主题墙上运用各种装饰材料做一些造型，以取得良好的装饰效果。

2. 客厅设计的要点

由于客厅具有多功能的使用性，以及面积大、活动多、人流导向相互交替等特点，因此在设计中与卧室等其他生活空间需要有一定的区别，设计时应充分考虑环境空间的弹性利用，突出重点装修部位。在家具配置设计时应合理安排，充分考虑人流导航线路以及各功能区域的划分，然后再考虑灯光色彩的搭配以及其他各项客厅的辅助功能设计。

3. 客厅设计的基本要求

客厅是居家活动最频繁的一个区域，因此如何扮靓这个空间就显得尤其关键。一般来说，客厅装修设计有如下几点基本要求：

（1）空间宽敞。客厅装修设计中，制造宽敞的感觉是一件非常重要的事，不管空间大小，在室内装修设计中都需要注意这一点。宽敞的感觉可以带来轻松的心境和欢愉的心情。

（2）高度合理。客厅是家居中最主要的公共活动空间，不管是否做吊顶，都必须确保空间的高度，也就是说客厅应是家居中空间净高最大者（楼梯间除外）。这种最高化包括使用各种视觉处理。

（3）景观最佳。在室内装修设计中，必须确保从任何角度所看到的客厅都具有美感，这也包括主要视点（沙发处）向外看到的室外风景的最佳化。客厅应是整个居室装修中最漂亮或最有个性的空间。

（4）照明最亮。客厅应是整个居室光线（不管是自然采光还是人工采光）最亮的地方，当然这个亮不是绝对的，而是相对的。

（5）材质通用。在客厅装修中，你必须确保所采用的装修材质、尤其是地面材质能适用于绝大部分或者全部家庭成员。

（6）交通最优。客厅的布局应是最为顺畅的，无论是侧边通过式的客厅还是中间横穿式的客厅，都应确保进入客厅或通过客厅的顺畅。

（7）家具适用。客厅使用的家具，应考虑家庭活动的适用性和成员的适用性。这里最主要的考虑是老人和小孩的使用问题，有时候我们不得不为他们的方便而作出一些让步。

4. 客厅吊顶的选择

（1）空间高的房屋吊顶。对于空间较高的房屋，选择吊顶的余地就比较大，如夹板造型吊顶、石膏吸音板吊顶、玻璃纤维棉板吊顶等，这些吊顶既美观，又有降低噪音等功能。

（2）四周吊顶，中间不吊。这种吊顶会让我们感觉房屋的空间增高了。可以采用木材夹板成型，设计成各种形状，再配以筒灯和射灯，而不吊顶的中间部分配上较新颖的吸顶灯。面积较大的客厅，使用这种吊顶效果会更好。

（3）用石膏在屋顶四周造型。石膏具有施工简单、价格便宜的特点，可做成任何几何图案，如花鸟虫鱼图案等。只要和我们的房间装饰风格协调，效果也还不错。

（4）四周吊顶做厚，中间部分做薄，形成两个层次。对于这种吊顶做法，中间一般是用木龙骨做骨架，而四周的吊顶造型较为讲究，面板则采用不透明的磨砂玻璃；玻璃上可用不同颜料喷涂上几何图案或中国古画图案，这样既有现代气息又给人以古色古香的感觉。

5. 客厅中的主题墙

通常，主题墙是指在办公室装修中，主要空间，如主管办公室、门厅中，要有能反映整个企业文化，或者办公室使用者自己的形象和风格的一面墙，这是从公共建筑装修中引入的一个概念。借用这个概念到家庭装饰领域，室内设计师创造出一种崭新的装饰手法。简单地说，客厅的主题墙就是指客厅中最引人注目的一面墙，在这面主题墙上，设计师采用各种手段来突出主人的个性特点。

有了主题墙，客厅中其他地方简单地装饰装修一下即可，一般都是“四白落地”。如果客厅的四壁都成了主题墙，就会有杂乱无章的感觉。

另外，主题墙前的家具也要与墙壁的装饰相匹配，否则也不能获得完美的效果。

卧室的设计

卧室是我们休息的主要处所，卧室的布置，直接影响到我们的生活、工作和学习，所以卧室设计也是家庭装修的设计重点之一。

1. 卧室设计的一般原则

卧室应该根据居住人员的年龄、个性和爱好来设计。

追求功能与形式的完美统一。在卧室设计的审美上，要时尚而不浮燥，庄重典雅而不乏轻松浪漫的感觉。

通风性要好，对原有建筑通风不良的要适当改进。空调器送风口不宜布置在直对人长时间停留的地方。

灯光更是点睛之笔，筒灯斑斑宛若星光点点，多角度的设置会使灯光的立体造型更加丰富多彩。

床头背景墙是卧室设计中的重头戏。设计时可多采用点、线、面等要素，使造型和谐统一而富于变化。

顶面装饰，宜用乳胶漆、墙纸（布）或局部吊顶。卧室地面宜用木地板、地毯或陶瓷地砖等材料。卧室的墙面宜用墙纸（布）或乳胶漆，颜色和花纹应根据住户的年龄、个人喜好来选择。

2. 主卧室的设计

设计好主卧室，需考虑以下六个方面：

（1）面积不需要太大，通常 15 ~ 20 平方米就足够了，必备的家具有床、床头柜、更衣橱、低柜（电视柜）、梳妆台。如果卧室里有卫浴室，就可以把梳妆区域安排在卫浴室里。卧室的窗帘一般应设计成一纱一帘，使室内环境更富有情调。

（2）色彩应统一、和谐、淡雅，对局部的颜色搭配应慎重，令人身心放松的色调较受欢迎，如绿色系活泼而富有朝气，粉红色系欢快而柔美，蓝色系清凉浪漫，灰调或茶色系灵透雅致，黄色系热情中充满温馨气氛。

（3）若想使卧室具有浪漫舒适的温馨感觉，灯光最好以温暖的黄色为基调，床头上方可嵌筒灯或壁灯，也可在衣柜中嵌筒灯。

（4）墙壁的装饰适宜简洁，床头上部的主体空间可设计一些个性化的装饰品，选材宜配合整体色调，烘托卧室气氛。卧室墙壁约有 1/3 的面积被家具所遮挡，除床头上部的空间外，视觉主要集中于室内的家具上。

（5）卧室的地面应具备保暖性，宜采用中性色调或暖色调，材料有地板、地毯等。

（6）吊顶的形状、色彩是卧室装饰设计的重点之一，一般以简洁、淡雅、温馨的暖色系为好。

3. 次卧室的设计

次卧室，通常是儿童房、老人房或者客房。对于不同的居住者，次卧室的使用功能有着不同的设计要求。

如果是儿童房，那么应由睡眠区、贮物区和娱乐区三部分组成，对于学龄期儿童还应该设计学习区。对于儿童房的地面，最好采用木地板或耐磨的复合地板，也可以铺上柔软的地毯；墙面最好设计软包以免碰磕，还可采用儿童墙纸或墙布以体现童趣；家具应尽量设计成圆角，用料可选用色彩鲜艳的防火板，如空间有限可设计功能齐全的组合家具；儿童房的睡眠区可设计成日本式，塌塌米加席梦思床垫，既安全又舒适。

老人房则主要满足睡眠和贮物功能，设计应以实用为主。

不论房间设计得多么优美，设备多么新颖，房内的安全措施都是不可忽视的。首先，防火措施必须足够。此外，房中的电源设施应装于较高位置。

4. 小面积卧室的设计

对小面积卧室进行装饰设计时，既要考虑到整体的美观，也不能忽视实用性。为了使空间利用最大化，就要有效地利用墙体以及地面。尽量使你的设计营造出空间的错觉感，同时选择最具舒适感的家具，突出它们的使用功效。镜子在卧室的设计中很重要，它不但可以增强卧室灯光亮度，而且还有增大房屋空间感的作用。可以考虑做一个推拉门，把镜子镶嵌在门上，房间会因此而使人感觉到宽敞许多。

书房的设计

莎士比亚说："生活里没有书籍，就好像没有阳光；智慧里没有书籍，就好像鸟儿没有翅膀。"随着人们住房条件的改善，书房越来越受到重视。

1. 书房的功能设计原则

书房具有藏书、提供学习和工作空间的功能，所以，在装修的时候，一定要根据书房的特殊功能进行具体设计。

（1）照明采光良好。作为读书写字的场所，对照明和采光的要求很高，写字台最好放在阳光充足但不直射的窗边，并放置可调节亮度的台灯，以免因长时间学习工作引起视觉疲劳。

（2）环境安静。书房要尽量远离电视、音响等能够发出较大声音的家用电器，装修时最好选用隔音、吸音效果好的装饰材料，以有效阻隔噪声。

（3）风格雅致。书房切忌豪华，一定要体现出读书人的高雅、清逸。

（4）摆放有序。书房里一般都藏有大量的书籍，书的种类很多，又有常用与不常用之分，所以须进行分类收纳，以使书房井然有序。

2. 书房的类型

书房的风格是多种多样的，要根据主人的兴趣和修养来设计布局和选择风格样式。书房的类型多变，而且不同类型的书房，装修造价也不同，需要按实际情况来定。具体可以分为封闭式、敞开式和兼顾式三类。

（1）封闭式。这种类型的书房是独立的完整空间，与其他的房间完全隔开，受到干扰的可能性较小，且可使人的工作效率提高。这样的书房适合出于藏书和工作目的的人使用。选购书房用品的时候可以在一个地方一次性选全，然后一起讲价，这样不仅能使风格保持一致，而且还能节省钱。

（2）敞开式。这种类型的书房与其他房间之间有一定的间隔，但是这些间隔基本是装饰物品，比如书架、屏风、隔断等。这种书房最大的优点就是能将整个房间重新分割，增加活跃的氛围，但是比较容易受到他人的干扰。这种敞开式书房在设计上很简单，能省下一大笔装修设计费用。

（3）兼顾式。很多的家庭因为经济等因素不能拥有一间独立的书房，在这种情况下可以把卧室的一角设计成书房。为尽量避免与卧室之间的干扰，可以用壁橱、垂帘来加以隔断，形成相互独立的功能分区。如此只花少量的钱就能拥有自己想要的书房。

厨房的设计

厨房是家务劳动最集中、使用最频繁的地方，它的主要功能是烧煮、洗涤，有的兼有进餐的功能。因此，厨房的装修装饰应该更多地考虑实用、卫生和安全。

1. 空间布局

在设计时我们应根据厨房的功能，从以下几方面考虑。

（1）操作空间要足够大。保证基本的操作空间，要有洗涤和配切食品、搁置餐具、熟食的周转场所，要有存放烹饪器具和佐料的地方。

（2）储存空间要足够多。组合式吊柜、吊架是一般家庭厨房经常采用的方法，它能够合理利用一切可储存物品的空间。组合柜橱常用地柜部分储存较重较大的瓶、罐、米、菜等物品，操作台前可延伸设置存放油、酱、糖等调味品及餐具的柜、架，煤气灶、水槽的下面都是可利用的存物场所。精心设计的现代组合厨具会使你储物、取物更方便。

（3）活动空间要足够宽敞。一般来讲，我们应按照食品的储存和准备、清洗和烹调这一操作程序来布局空间，应沿着三个主要设备，即炉灶、冰箱和洗涤池组成一个三角形。因为这三个功能通常要互相配合，所以要安置在最合适的距离以节省时间和人力。这三边之和以 4.5 ~ 6.5 米为宜，过长和过短都会影响操作。在操作时，洗涤池和炉灶间的往复最频繁，建议把这一距离调整到 1.5 米左右较为合理。水池的位置可能要由给排水管道等来规定。为方便使用、有效利用空间、减少往复，建议把存放蔬菜的箱子、刀具、清洁剂等以洗涤池为中心存放，在炉灶两侧留出足够的空间，以便于放置锅、铲、碟、盘、碗等器具。

（4）合理布置厨房的工作区。一般而言，厨房空间规划应以“厨房工作动线”为主，我们的习惯大致是：取材、洗净、备膳、调理、烹煮、盛装、上桌等顺序。所以应根据厨房的大小、形状来设计。厨房较小的，工作台可沿一面墙一字型布置；较宽敞的厨房，则可沿两面墙布置成走廊型；也有把工作区沿墙作 90° 双向展开的 L 型，可方便各工序连续操作；另一种安排为沿墙呈 U 字型展开，此外，还可将餐桌放在厨房，是一种厨房、餐厅兼容的方式。这种方式需要厨房有较大的面积。

2. 通风设施

通风设施对于保证厨房卫生以及安全具有极其重要的作用，排气扇、抽油烟机都是必要的设备。通常，抽油烟机安装在煤气灶上方0.7米处，抽油烟机的造型、色彩应与橱柜的造型色彩统一，以免色彩不协调。

3. 安全性

在设计厨房时，为了安全起见，可以把头顶上的器具、抽油烟机等尖锐的突出角用护套包裹，地面最好避免放置垫子，因为拿着盘子或装有开水的茶壶时容易滑倒。

4. 色调

厨房温度相对于其他房间会比较高，所以要尽量用冷色调，而且要用偏浅色类的。橱柜的色彩搭配现趋向高雅、清净。清新的果绿色、古朴的木色、精致的银灰色、高雅的紫蓝色、典雅的米白色都是热门的选择。墙面采用何种颜色也很重要，淡色或白色的瓷砖墙面仍是较常用的，有利于清除污垢。对于厨房及用餐场所的采光，可以根据不同用途来选择灯具。吊柜下和工作台的照明最好用日光灯，就餐照明则宜采用白炽灯。

餐厅的设计

餐厅可以是单独的房间，也可以从其他房间隔出来或者用家具隔出来，它的位置应该尽量靠近厨房，餐厅的环境要亲切、淡雅、温馨。

1. 餐厅的布局

在餐厅中，家具主要是餐桌、餐椅和餐具柜等，它们的摆放与布置必须确保一个前提：能够为人的活动留出足够的空间。同时，家具的布置和摆放还要和餐厅的空间相结合，如果餐厅是方形或圆形，那么可选用圆形或方形餐桌，居中摆放；如果餐厅比较狭长，可以把家具靠墙或一边摆放，这样可以显得空间比较大；如果餐厅的空间太小，在选择家具时候，就可以考虑一些小型的家具，或者考虑选用折叠式家具。

餐厅的设计中，色调尤为重要，它甚至可以影响到我们的食欲。因此在选择餐厅的家具时，应以比较柔和的色调为主，以天然的木质色、咖啡色和黑色等稳重的色彩为宜，应该尽量避免使用过于刺激的颜色。至于餐桌的款式，完全可以根据个人的喜好来确定，但是其大小应该和空间比例相协调，餐厅用椅也应该与餐桌相配套，造型、尺度和坐感的舒适度都要进行周全的考虑。

至于餐厅的窗帘和桌布，很多人都喜欢选用纯棉质地的布料，棉布当然不错，是纯天然的，但是它很容易吸收食物气味，而且难以去除，所以建议最好选用比较薄的化纤材料。

2. 餐厅的装饰

一般来说，餐厅的墙面没有什么特殊要求，而地面则应采用地砖和地板等易于清洁的材料。如果人比较多或者有小孩子，在选择餐厅的地面材料时，还应考虑采用不易污染且易于擦洗的瓷砖或石材，木地板以及地毯不宜使用，餐厅的顶棚材料也应该选择不易沾染油烟污物和便于维护的装修材料。

温暖、淡雅、舒适的色彩是餐厅色彩设计的优选，而乳白色和淡黄色营造的淡雅、洁净的气氛同样也可以增强人们就餐时的舒适感，并增加食欲，同时还可以在餐厅点缀一些漂亮的绿色植物。为了使餐厅显得亮堂清洁，最好采用整体扩散照明，在餐桌周围加装壁灯或吊灯，以进行局部照明。之所以这样做，原因很简单：扩散照明可以使人保持进餐时的愉快心情。有时为了营造温馨、浪漫的气氛，橙色和红色的局部灯也是不错的选择。除了使用不同的灯光之外，还可以在餐厅里放置一幅充满想象力的画，一束美丽的鲜花或者令人感到新奇的织物，这些装饰品的合理使用都有助于营造温馨的用餐气氛。

卫生间的设计

卫生间是家庭成员进行个人卫生的重要场所，具有便溺和清洗双重功能，实用性强，利用率高，应该合理、巧妙地利用每一寸面积。

1. 卫生间的设计原则

与厨房一样，卫生间在家居生活中使用频率也非常高，是家庭装修的重中之重。卫生间设计得是否合理，对家居生活质量同样有着重要影响。装修卫生间，首先要考虑功能使用，然后才是装饰效果。具体原则有以下几点：

（1）方便、舒适。卫生间的主要功能是洗漱、沐浴、便溺，有的家庭还有化妆、洗衣等功能。现在的卫生间流行“干湿分离”，有些新式住宅已经分成盥洗和浴厕两间，互不干扰，用起来很方便。那些一间式的卫生间可以用推拉门或隔断分成干湿两部分，这是一个简单而非常实用的选择。

（2）保证安全。主要体现在几个方面：地面应选用防水、防滑材料，以免沐浴后地面有水而滑倒；开关最好有安全保护装置，插座不能暴露在外面，以免溅上水导致漏电短路。

（3）通风采光效果要好。卫生间的一切设计都不能影响通风和采光。应加装排气扇把污浊的空气抽入烟道或排出窗外。如有化妆台，应保证灯光的亮度。

（4）装饰风格要统一。卫生间的风格应与整个居室的风格一致，其他房间如果是现代风格的，那么卫生间也应是现代风格。

2. 卫生间装修设计重点

对于卫生间和浴室的装修，如何体现它的舒适性和安全性，成为装修的一个重点。卫浴间的装修在家庭装修中涉及的细节很多，如果处理不好，不仅会直接影响日后居家生活的品质，更会影响心情。卫浴间装修需注意以下几点：

（1）吊顶。因为卫浴间的水汽较重，所以，要选择那些具有防水、防腐、防锈特点的材料。

（2）地面：在铺地砖之前，务必做好防水；在瓷砖铺设之后，要保证砖面有一个泄水坡度（一般以 1% 左右为宜），坡度朝向地漏；地面在铺设完瓷砖之后必须做闭水实验，时间至少要保证 24 小时；铺设地砖时要注意与墙砖通缝、对齐，保证整个卫浴间的整体感，以免在视觉上产生杂乱的印象。

（3）墙面：墙面的瓷砖也要做好防潮防水，而且贴瓷砖时要保证平整，并要与地砖通缝、对齐，以保证墙面与地面的整体感；若遇到给水管路出口，瓷砖的切口要小、适当，方便给水器上的法兰罩盖住切口，使得外观完美。

（4）门窗：卫浴间最好有窗户，以利通风；如果没有窗，尤其要注意门的细节。为防止卫浴间的水向外溢，门界要稍高于卫浴间内侧；卫浴间的门与地面的空隙要留得大一点，以利于回风；如果是推拉门，还要在推拉门与卫浴地砖之间做一层防水。

（5）电路铺设：卫浴间的电线接头处必须挂锡，并要先后缠上防水胶布和绝缘胶布，以保证安全；电线体必须套上阻燃管；所有开关和插座必须有防潮盒，而且位置也要视用电器的尺寸与使用位置而定，以保证方便合理使用。

（6）水路改造：卫浴间的给排水线路最好不要做太大改动，如果要改动时，要根据具体情况而定，如洗衣机的型号不同，上下水的位置也会不同。

（7）洁具安装：最好在装修之前把下水孔距记好，按尺寸选好浴缸、浴房、坐便器、洗手盆等洁具，以免在装修时尺寸不合适；坐便器的安装要先用坐便泥密封好，再用膨胀螺栓或玻璃胶固定，这样，在坐便器发生阻塞时便于修理。

（8）通风换气：卫浴间必须有排风扇，而且排风扇必须安有止回闸门，以防止污浊空气倒流。

（9）绿化：增添生气。卫生间不应该成为被绿色遗忘的角落。装修时可以选择些耐阴、喜湿的盆栽放置在卫生间里，使这里多几分生气。

阳台的设计

想要把家与自然融为一体，把室外的风景引入家，那么，只有阳台这个唯一与外界联系的通道才能做到。

1. 阳台设计原则

阳台是我们每个人在家里吸收新鲜空气、接受光照、进行户外锻炼、观赏、纳凉、晾晒衣物的场所。阳台的布置要求是适用、实惠、宽敞、美观。通常的阳台有悬挑式、嵌入式、转角式三类。

2. 阳台具体设计

通常，阳台的面积都不会很大，基本是在 3 ~ 4 平方米，人们既要在此活动，又要种花草，有时还要堆放杂物，如果安排不当会造成杂乱、拥挤。面积狭小的阳台不应作太多的安排，尽量省下空间来满足主要功能。总之，阳台的一切设施和空间安排都要切合实用，同时注意安全与卫生。若是封闭式阳台，则可在阳台沿口安上铝合金或塑钢窗，装饰成具有专一功能的场所，如装饰为暖房，专供种养花草；或装修为书房、卧室等。也可以在阳台内培植一些盆栽花木，这样既可观赏又可遮阳。阳台的美体现在与自然接触中所展现出来的生机，让人们感受到一般室内不能得到的美感享受。

3. 阳台设计的关键：防渗水和排水

阳台设计的重中之重就是防水。比安排不当更可怕的就是阳台渗水，渗水不仅损害阳台本身，还可能危及室内。

阳台窗的防水，第一要重视窗的质量，密封性要好。防水框的里外向不要搞错。如果你的阳台根本没有窗，或者你的阳台窗的防水不好，那么就轮到“第二条防水线”了。“第二条防水线”指的是阳台地面的防水。

阳台地面的防水，首先要确保地面有坡度，并把低的一边设为排水口。第二要确保阳台和与之相连的客厅等室内空间至少要有 2 ~ 3 厘米的高度差。要使室内空间和阳台有这样的高度差其实是有一定技巧的，因为建筑物结构的高度差可能只有 1 厘米。怎么办？建议你可以用一块大理石板来做装饰，既实用又美观。当然，石板的两头和下面都要确实做好堵缝防漏的工作。用水泥加补漏缝即可。

4. 阳台省钱小窍门

阳台要省钱的最好方法，就是不要外推，直接用植物来布置。当然，还有其他小细节可供参考。

（1）在阳台做收纳柜。在墙上架上铝门窗，室内的落地窗不动，在阳台的尽头做收纳柜。如果阳台紧靠厨房，可利用阳台的一角建造一个储物柜，存放一些食品或不经常使用的物品。供休息、餐饮使用的阳台，还可摆放少量折叠家具。

（2）用绿色植物布置。阳台铺上防水木地板，再用些绿色植物来布置，既省钱又美观。

（3）用木头包落地窗框。阳台外推后，室内的落地门框就用木作包起来，省了拆除及修补的费用，还将阳台地面与室内地面做了收边，一举数得。

（4）阳台地面可以用旧地毯。阳台的地面无需买太昂贵的瓷砖，可利用旧地毯或其他材料铺饰，以增添行走时的舒适感。为了防止炎夏时节阳光的照射，可用较结实的纺织品做成遮阳帘，并注意做成可以上下卷动或可伸缩的，以便按需要调节阳光照射的面积、部位和角度。同时也能使阳台一侧的房间免于强烈的照晒，营造一个舒适的休息环境。

量身定做自己心仪的家

先“定位”

我们在家装时，都有一个共同的愿望：花最少的钱，达到最好的效果。而要实现这一愿望，装修前的定位是很关键的。

为设计师提供所需信息

设计之前，沟通非常关键，而这一切源自你为设计师所提供的信息。那么这些信息有哪些呢？

1. 自己的想法

把自己模糊的想法告诉设计师，可以不具体，而且你得强调这些都是不成熟的想法，相对来说，你更希望设计师能提供好的主意，以充分发挥设计师的作用。这包括了你希望房子装修到哪一种档次。

2. 你的职业

你并不需要告诉对方你任职于 ×× 公司或机关，只需要一个大概的范围，如公司职员、艺术家、运动员、企业家或者是一名老师。为什么要关心这点呢？这是因为不同的行业，有着其行业特点。例如，公务员的你可能希望房子尽量装得简约大方点，而当医生的你一回到家，往往并不喜欢自己家的墙面仍然是白色的。

3. 家庭成员

作为一个小集体来说，房子的装修应该把所有成员的情况考虑进去。如果家里有小孩子，那么在一些装修项目中就得考虑安全方面的内容了。如，有些阳台栏杆很矮或者杆距很大，这对有小孩的家庭就会有安全方面的顾虑了。

4. 特殊成员

这主要是指宠物，很多有宠物的业主，往往会把它们视为家庭成员，在装修中，难免要把它们的因素也考虑进去。

5. 个人爱好

这是指一些平常的爱好，如对色彩的敏感，特别喜欢或特别讨厌哪一类的色彩等，也会有一些人对特定的图案有特殊的感觉，如蓝色对于不少人来说，是使精神一振的颜色。

6. 生活习惯

这是指日常的一些生活习惯，如喜欢在家里放置一台跑步机，或者是一名超级网虫，希望家里布满网线。

7. 特殊家具

如果你有一台大型的钢琴之类的大件家具，那么在开始设计时，就需要把它考虑进去了。除此之外，现有的家具以后还要用的，也要把它考虑进去。

8. 避讳事宜

每一个地方的人都有可能有一个习俗上的避讳。比如广东，很多人讳忌在门口放置镜子之类的装饰，也有一些地方的人对诸如蝴蝶之类的图案有讳忌。

9. 宗教信仰

也许你有特定的宗教信仰，或者是基督教徒，或者是伊斯兰教徒，有些地方也有供奉先人的习惯。当然还有一些是基于传统的，如供奉关公像等等。

提供上述这些信息后，一般有经验的设计师就会有一个大概的想法。一些比较好的设计师甚至可以马上用草图勾勒出来。经过业主初步的确认后，再进行下一步的设计，就能减少无用功了。

看懂家装设计图非常重要

一般来说，设计师在完成设计后会提供一张平面设计图，以便同业主沟通，然后按业主的意愿修改，直到客户满意为止。所以，能否看懂平面图，决定了你能否成功地与设计师进行交流。这里所说的设计图，包括效果图、设计方案和施工图。当一份设计好的作品放在眼前时，我们该如何去看呢?

1. 从专业方面去看

（1）布局是否合理。

（2）是否符合人体工程学，交通线设置是否合理。

（3）用色是否符合色彩学原理。

（4）用色是否符合色彩心理学原理。

（5）设计风格是否统一，设计造型是否相配。

（6）人工照明设置是否合理。

（7）个体设计是否具有技术上的可实施性。

（8）设计是否在预算范围内。

（9）设计是否符合现行的技术规范与安全规范。

（10）设计个体之间的关系、尺度的把握是否合理。

（11）兴趣中心的营造。

（12）设计元素的应用。

（13）设计的创造性。如果是手工图，还需要看表现技法是否成熟；如果是电脑图，则需要看图像表现是否逼真。

2. 从非专业方面去看

普通业主本身并不具备按照上面理论来分析的能力，因为大多数并不具备这方面的知识。难道仅从画得漂亮不漂亮来看？当然不是，有以下几个方法。

（1）看大的配色是否顺眼。行内有一句俗话：和谐就是美。首先要从第一感觉来看。这是从大体上来说的。不管是不是内行，都会有自己的看法和审美观。

（2）看真实度。很多设计师在画效果图时都会故意调整一些尺寸来尽量地满足自己的图面需要。例如，20 平方米的房子画成 40 平方米的，层高 2.6 米画成 3.5 米的。而在平面图中，往往会把房子的框架面积和家具的尺寸采用不同的比例，这点尤其是在开发商的图纸上最容易出现。而不幸的是这都是一种业内通病了。很多业主其实都无数次看过自己的房子了，一眼就可以知道家里究竟有没有这么大、这么壮观。

（3）看设计是否满足自己的需要。一般业主都会有一些自己的需要。例如，你需要的柜子有没有，餐厅中餐桌的大小是否符合使用要求等。

（4）设计是否有创意。一个好的设计师，总会有画龙点睛之笔。在家装中，设计项目不是很多，所以一两个纯装饰项目就能体现出设计思想。

（5）是否对现有的环境有改进之处。房子都会有这样那样天生的缺陷，有一些是不可补救的，但有一些是可以改良的，这里就最能看出设计师的设计技巧。

（6）是否符合现实。有一些设计图有点脱离现实，这也是值得注意的，这就要根据实际的国情、环境和家庭情况来看了。

明确装修的重点

我们要把握好家庭装修的基本原则。虽然每个空间在我们的家里都有自己的用途，但在装修中，必须要有侧重点，有的房间要花费多一些，有些地方简单装修一下就可以了。这样既突出了重点，又省去了不必要的开支。

1. 客厅和卧室哪个重要

目前，"大厅小卧"的形式在居室中越来越多。在这种情况下，我们不妨对客厅的投入多一点，卧室的装修少花一些。客厅除了用做接待客人之外，更多的功用是全家团聚、娱乐的地方。因此可以说客厅是全家的"脸面"。对于"脸面"的装修，可以尽量地多花些钱。装修客厅最重要的是要体现这个家庭的特色。多花钱是相对的，没必要将高档材料堆砌，关键是装饰手法上要新颖，在家具的配置、装饰品的选用上，要雅致大方。

与客厅不同的是，卧室的装修和装饰可以相对简洁一点。装修时以简洁、温馨为主，用不着太过雕琢，但床一定要非常的舒适。毕竟卧室是供人休息的空间，它的功用相对简单。

2. 区别对待"顶、墙、地"

从我们人的视觉习惯上来讲，一个房间的顶部好像是最不被重视的地方，所以没必要做得太复杂。为了不致产生压抑感，在顶部处理上以简单为好。房间的净高在 2.5 ~ 2.8 米即可。

对于墙面，我们没有必要多花钱来装修，尤其是没必要做很多线条来缩短高度感，通常墙面不是被家具遮住，就是作为挂画等饰品的背景，最好多留些空白墙面来透气。

地面的使用频率，明显要比墙面和顶棚高，所以地面的装修，是我们最需要下功夫的地方。因为地面装饰材料的材质和颜色，决定了房间的装饰风格，所以要使用质地和颜色都较好的材料。

3. 厨房、卫生间成为新重点

如今，随着人们生活品质的不断提高，厨房以及卫生间的装修也开始越来越受到人们的关注，完全不是人们以往观念中的厨房和卫生间装不装修都“两可”了。“让厨房靓丽起来”“方便也是享受”的口号，使一度被忽视的空间成为视线的焦点。

通常，厨房在装修完成之后不会有很大的变动，所以一次性可多投入一些资金，把厨房装修得美观、实用些。如今，整套厨房家具有着相当不错的市场，反映了“厨房革命”的新动向。但是，厨房是家庭中管线最多的地方，装修时也最让人头痛。

对于卫生间的装修，我们也是要下一番功夫的，随着人们开始重视卫生间的装修和布置，许多价格不菲的卫生洁具已经走进了千家万户。

4. 儿童房间更要装修

在装修儿童房时，不少家庭可能都会感到头痛，不知现在是否该装修。如果装吧，过几年就不适用了；不装吧，整套房间又不能形成一个整体。另外，还担心装饰材料的毒性会影响孩子的健康成长。据专家分析，儿童在成长期间，如果能有一个专属于他的空间氛围，将有利于孩子的心理成长。在设计儿童房时，可以尽量使用较贵的地面材料，而对墙壁和顶棚可“淡化处理”，以免过几年孩子长大了，房间要重新布置时改动难度太大。

所以，孩子的房间不仅要装修，而且还要多投入一些资金。这样不仅能保证孩子的身体健康成长，而且对孩子心智的成熟也有好处。

第三章

挑选细致：家装材料很重要

家庭装修中有一项重中之重的事，就是建材的选购。当你到建材市场时会发现建材种类琳琅满目，优质的、劣质的、环保的、非环保的，让你一时不知所措，所以装修选建材也一直是业主们的烦心事。对此，只有认清了各类装修材料的基本特性，才能掌握各类装修材料的购买技巧，买到合意又合算的装修材料。

自购家装材料学问多

首先从熟悉“五材”开始

不要认为熟悉材料只是设计师的事，作为业主，我们如果熟悉材料，知道它们的用途和价格，至少在签订装修合同的时候，自己心里就有个底，就不会被糊弄。另外，我们熟悉了材料，知道了价格，对装修的档次心里也会有个基本的概念。

目前，我国的装饰材料市场发展迅速，各种装饰材料已是琳琅满目，并且不断有新产品问世，使人目不暇接。当然，要熟悉各种材料的质地、尺寸、价格和用途并不是那么容易的事，但也并不是一桩很难的事。只要勤跑、勤问，一个品种问过两三家就行了，俗话说“货比三家”，三家的价格一综合，就能估计个八九不离十，心里就有了谱。因此，得闲的时候，我们不妨多逛逛装饰材料市场，多见识一下新的产品，这样日积月累下来，你也就能多一份主见。

那么，我们怎样去熟悉那些种类繁多的材料呢？最简单的方法就是先将材料分类，然后归纳整理。

我们先将装饰材料分为两大部分：一部分为室外材料，一部分为室内材料。室内材料分为实材、板材、片材、型材、线材等类型。

1. 实材

实材也就是原材，主要是指原木及原木制成的规方。常用的原木有杉木、红松、榆木、水曲柳、香樟、椴木，比较贵重的有花梨木、榉木、橡木等。在装修中所用的木方主要由杉木制成，其他木材主要用于配套家具和雕花配件。在装修预算中，实材以立方米为单位。

2. 板材

板材主要是把由各种木材或石膏加工成块的产品，统一规格为1228毫米 ×240毫米。常见的有防火石膏板、三夹板、五夹板、九夹板、刨花板、复合板，然后是花色板，有水曲柳、花梨板、白桦板、白杉王、宝丽板等，其厚度均为3毫米，还有是比较贵重一点儿的红榉板、白榉板、橡木板、柚木板等。在装修预算中，板材以块为单位。

3. 片材

片材主要是把石材及陶瓷、木材、竹材加工成块的产品。石材以大理石、花岗岩为主，其厚度基本上为15 ~ 20毫米，品种繁多，花色不一。陶瓷加工的产品，也就是我们常见的地砖及墙砖，可分为六种：一是釉面砖，面滑有光泽，花色繁多；二是耐磨砖，也称玻璃砖，防滑无釉；三是仿大理石镜面砖，也称抛光砖，面滑有光泽；四是防滑砖，也称通体砖，暗红色带格子；五是马赛克；六是墙面砖，基本上为白色或带浅花。

木材加工成块的地面材料品种也很多，价格以材质而定。其材质主要为：梨木、樟木、柞木、樱桃木、椴木、榉木、橡木、柚木等等。在装修预算中，片材以平方米为单位。

4. 型材

型材主要是钢、铝合金和塑料制品。其统一长度为4米或6米。钢材用于装修方面主要为角钢，然后是圆条，最后是扁铁，还有扁管、方管等，适用于防盗门窗的制作和栅栏、铁花的造型。铝材主要为扣板，宽度为 100 毫米，表面处理均为烤漆，颜色分红、黄、蓝、绿、白等。铝合金材主要有两色，一为银白、一为茶色，不过现在也出现了彩色铝合金，它的主要用途为门窗料。铝合金扣板宽度为 110 毫米，在家庭装修中，也有用于卫生间、厨房吊顶的。塑料扣板宽度为 160 毫米、180 毫米、200 毫米，花色很多，有木纹、浅花，底色均为浅色。

5. 线材

线材主要是指木材、石膏或金属加工而成的产品。木线种类很多，长度不一，主要由松木、梧桐木、椴木、榉木等加工而成。其品种有：指甲线（半圆带边）、半圆线、外角线、内角线、墙裙线、踢脚线，材质好点儿的如椴木、榉木，还有雕花线等。石膏线分平线、角线两种，铸模生产，一般都有欧式花纹。平线配角花，宽度为 5 厘米左右，角花大小不一；角线一般用于墙角和吊顶级差，大小不一，种类繁多。除此之外，还有不锈钢、钛金板制成的槽条、包角线等，长度为 2.4 米。在装修预算中，线材以米为单位。

6. 其他

接下来是墙面或顶面处理材料，它们有 308 涂料、888 涂料、乳胶漆等。然后是软包材料，各种装饰布、绒布、窗帘布、海绵等，还有各色墙纸，宽度为 540 毫米，每卷长度为 10 米，花色品种多。

再就是油漆类。油漆分为有色漆、无色漆两大类。有色漆有各色酚醛油漆、聚安脂漆等；无色漆包括酚醛清漆、聚安脂清漆、亚光清漆等。在装修预算中，涂料、软包、墙纸和漆类均以平方米为单位，漆类也有以桶为单位的。

各种材料通过归纳整理，设计师在装修设计中便能任意调度，然后制订方案，得出预算。

建材选购的四项基本原则

家装材料的好坏直接影响装饰后的效果，而且还会给今后的生活带来一定的影响。因此，在家装材料的选择上千万马虎不得，应坚持以下四个原则。

1. 环保

住宅装饰所产生的有害气体、超标辐射等污染，已经成为住宅污染的一个主要方面，因此在选择材料时一定要考虑到环保的因素，将其放在首位。要选择通过国家环保认证的建材，千万不要使用国家已明令禁止的或淘汰的建材，宁可不装修或少装修，也不用那些对人体有害的材料，把好室内装修第一关。只有这样，才能装修出一个温馨、健康的家。

2. 实用

装饰材料不应仅考虑装饰效果，而且还应该考虑其对住宅环境条件的改善。所以我们在选择装饰材料时应以实用为根本，应和住宅的使用性能结合起来，并不是越高档越好。比如，室内吊顶和隔墙材料的选用，应以纸面石膏板为主，这种材料不仅价格低，而且防火、防霉变，又能吸音隔热，调节住宅湿度，应是首选。如果片面追求档次而选用其他的板材，不仅没有防火的功能，而且容易霉变，同时又增加了成本，无论从实用还是经济上讲都不合算。

3. 平衡

在确定装修档次时一定要考虑自己的经济条件，量力而行。在一些不会影响整体装修质量和效果的部位可以选择一些档次稍微差一点的材料，适当控制成本。而在一些关键部位，比如地面、供水排水、电器的选择就应该以质量为第一，考虑其易损耗的特点做到一步到位，宁可多花钱也不能日后再维修。这样一来，就把整体装修成本进行了平衡，既不会过度增加成本，又取得了好的效果，还经济实惠。

4. 创新

常言说“物以稀为贵”，在住宅家装材料的选择上，突出创新是很关键的。可选择一些新型、突破常规的材料，这不仅突显室内设计的现代和超前，而且彰显个性，容易出新。

这样买建材最省钱

只要装修房屋，就难免要和建材商家打交道，但建材城的确是个“超级大课堂”，不仅商品琳琅满目，大到家具、电器，小到钉子、螺母，应有尽有，而且大有学问。

1. 心中有数

购买同牌商品时，有选择地找两处卖家就可以。人们常说，购物要“货比三家”，但这样做花费时间太多，时间也是金钱。因此，要科学地对比，否则跑来跑去，满头大汗不说，又省不下钱。例如，选择一家规模较大的品牌建材超市和一家建材集中区的建材商厦相比一下就可以。注意，同一品牌在价格上便宜得多，但材料的等级可能相差很多。

2. 区域有价差

逛建材城其实是很讲究的。一般来说，偏远地带的建材城不仅开价低于市中心的建材城，而且服务也要相对周到。此外，建材城还分门店型和超市型两种。同样的产品，超市型就要比门店型的标价低。像美国某品牌洁具，普通建材城统一标价 3000 多元，而超市标价就少了好几百元。

3. 装修淡季购买

在淡季购买装修材料，也是一种省钱的方式。不同的地区，装修淡季的时间不同。在北方，装修旺季要属春、秋两季，这一时期建材价格比较高，劳务费用也高。而冬、夏两季属于装修淡季，建材价格相对较低，此时购买建材相比之下比较省钱。建材购买后，也可以选择春、秋两季装修，这样成本会大大降低。

4. 节日集中购买

对于正在准备装修的人来说，千万别指望逛一天建材城就能买到所有需要的东西。如果在对建材不是很了解的情况下，最好给自己多进多出的机会，这样才能对建材的品种、质量有所了解。然后确定自己目标价位的品牌。在列出所需各项建材的品牌后，也不要着急掏腰包。假如是在时间允许的情况下，“五一”、“十一”、圣诞节、春节、店庆这样的节假日，建材城一般都会大搞特搞各式促销活动，比如用返券、打折等方式吸引消费者。这时候去买相对比较划算。

5. 等待样品甩卖

对于那些特富耐心又不急于装修的消费者来说，可以一有空就在同一品牌的不同门店进行“巡视”。这样的好处很多。像一些正价购买就要超出装修预算的品牌，除了在其打折时候购买外，还可以通过购买样品来大大降低装修成本，还能确保品牌保证。

当然，购买样品都必须是一些损耗很少的产品，这样才能保证装修之后的效果。以洁具为例，样品并不会因为陈列而降低品质，所以适合采取购买样品的手法。

由于门店装修、更换新品等原因，一些经销商需要迅速处理掉现场样品时，他们会以特别低廉的价格出手，清空展台。这时候，机会就来了。品牌、型号其实早已看好，只要查看是否有匹配样品，就可以毫不犹豫地掏钱购买。

“望、闻、问、切、试”选环保建材

这里给大家介绍一下选择环保装饰材料的几种常用方法——“望、闻、问、切、试”，我们可以运用它们识别市场上的污染建材。

1. 望——看外观

首先要看是否有生产厂的商标、生产地址、防伪标志、绿色环保标志；

看产品说明书是否标明了主要成分，其中是否含有毒物质，含量是多少；看其是否有相关部门出具的检测报告（时间一定要看清楚，有没有过期）。其次就是要看实物质量，如石材，表面均匀的细料结构都具有细腻的质感，污染性就小（不要选太花花绿绿的、艳丽的，这些一般辐射性较大）。再如大芯板，如果表面看上去平整、无扭曲、芯条均匀整齐有序，缝隙小就是质量高、污染小的板材。但有时眼见不一定为实，也需去伪存真。如前一段时期，一些商家为了推销涂料，将涂料涂于鱼缸内壁，用金鱼游动来证明涂料无害，其实此事不可信，因为涂料中的有机物不溶于水，涂于水缸中对金鱼不存在影响。

2. 闻——听声音和闻气味

（1）听声音，即从声音听出其是否有质量问题。如选择油漆时，将油漆桶提起来晃一晃，如果有稀里哗啦的声音，说明数量严重不足，或黏度过低，有害成分大，正规大厂的环保型油漆真材实料，晃一晃是几乎听不到声音的。还有，大理石、花岗石等天然石材中含有的放射性物质是肉眼看不出来的，但通过声音往往能识别有害放射性物质的多少。敲击声清脆悦耳，证明石材内部均匀且无显微裂隙，所含的有害物质相对就少；敲击声粗哑，说明石材内部存在显微裂隙或细脉或风化导致颗粒间接触变松，石材中的氡就会释放出来，对人体有一定的伤害。

（2）闻气味，即闻其是否有刺激性。如选择家具时打开柜门，拉开抽屉，若闻到有浓烈的刺激气味，足以使人流泪，说明甲醛含量已经很严重了，不可买。还要看看有没有其他遮掩气味的东西在某个位置摆放，或其他的香气。购买涂料时，同样也是要闻一下是否有刺激性的气味（一般小厂的假冒伪劣产品可以初步判别出来），用喝涂料来证明有刺激性气味的涂料是“无害”的做法，也不可信。

3. 问——问其产品是否安全，是否经有关权威机构检测

室内的主要污染来源就是由装饰材料产生的，国家已经颁布了 10 种室内装饰材料有害物质限量标准。据统计，市场上真正的环保材料不足5%。有些厂家做假，为了推销产品，往往找一些毫无检测资质的行业协会检测。有的冒用检测报告和产品说明书，欺骗消费者。再者就是要问建材如何使用，哪怕是最简单的问题，敢于开口，不要不懂装懂。俗话说，隔行如隔山，如果使用不当，也会造成设计和施工工艺的失败，从而造成不必要的损失。例如，在实木地板和复合地板下面铺装人造板（大芯板），过一段时间就会引起人造板腐烂、生虫，造成室内污染等问题。再如油漆的使用，涂刷的次数和涂刷面就很有讲究，多刷一次即浪费钱财，又可能增加了污染，因此，在选择时，对建材的用法应问个清楚。

4. 切——手摸

我们可以用手感觉一下含有化学成分的建材，是否有烧灼感、手摸部位是否有红斑。如果触摸处的皮肤发痒，则说明建材的有害物质会引起皮肤过敏，不宜购买。

5. 试——用试验检验建材的质量和环保性能

如在购买瓷砖时，可试以硬物刮擦瓷砖表面，若出现刮痕，则表示施釉不足。这种瓷砖的表面釉磨光后，砖面便容易藏污，较难清理。购买石材时，在其背面滴上一小滴墨水。如果墨水很快四处分散浸入，即表明石材内部颗粒松动或存在缝隙，质量不好，所含放射性元素可能较多。反之，若墨水滴在原地不动，说明石材质地好，所含放射性元素可能较少。

自购建材要学会砍价

现在很多装饰公司都提供主材代购服务，怕麻烦的消费者可考虑选择该项服务，代购的价格比较合理。当然如果你要选择自购，就一定要学会砍价，因为市场上的材料有时价格相差很大，甚至一些建材超市也能讨价还价。

1. 将商家进行对比

现在，市场竞争非常激烈，生意都不是很好做，同一个市场内的商家更是竞争对手。如果你事先了解多家产品的价格，然后对商家说："某某家的商品和你的一样，价格却低很多，你为什么这么高呢？"这个时候，商家也会同意你的砍价。

2. 可请有经验的朋友帮助采购

要想得到材料商的优惠价，不妨多动动脑筋。可请有经验的朋友帮助采购，和商家谈价，货比三家，多处了解，通过朋友的帮助讲解，你就会逐渐进入状态，仿佛真成了一个称职的采购员。这样，你不但可得到商家的优惠价，同时也增长了不少知识。

3. 学会巧妙抹零

已经决定购买商品了，在计算总价的时候，如果看到总价后面有一些小尾数，你可以很自然地对销售商说："按整数计算吧。"如果尾数不是很大，商家通常都会同意，毕竟他在这笔买卖上已经赚了。对于你来说，抹掉尾数起码也能节省一笔车费。

4. 一砍到底法

经销商报出价格后，你完全狠砍一刀，尽量说出连自己都不太相信能成功的价格。如果经销商大呼自己没钱赚，你不妨把价格稍微抬一点，然后诚恳地说："你看，我都让步了，你也是爽快的人，咱们一人让一步，就在这个价位成交吧！"相信有了这样的说法，对方会慎重考虑的。

5. 赞美砍价法

看中一款建材后，先不要忙着砍价，先对店主或产品进行赞美和恭维。当经销商被你恭维得心花怒放时，你就可以砍价了。在一般情况下，经销商都能把价格降一些。

6. 引蛇出洞砍价法

当你看中一款建材产品时，先不要忙着与商家讨论这款建材的价格，而是询问对方有没有某款产品（一定要先了解清楚，是对方没有的）。当对方声称没有时，你可以表现出对他们这里的某款产品比较有兴趣，以便让对方主动向你推荐。同时，你还要表现得不想放弃原有的选择。销售人员发现你有兴趣却还没有决定购买，就会将你当成潜在客户。在质量、功能等方面无法吸引你更多注意的情况下，为了把商品卖给你，他们一般都会主动以更低的价格来打动你。于是，砍价就容易多了。

7. 以静制动

经销商和营业员都是揣摩客户心理的老手，作为顾客的你，一个表情都无法逃过他们的眼睛。所以，这个时候不要将自己的真实想法表现出来，一定要装作可买可不买的样子，让对方觉得你虽然需要，但并不急于马上买，这个时候砍价往往比较容易成功。

8. 声东击西砍价法

看中一件价格适中的货物，先不要讨价，而是先表现出对另外一件价格较高的产品感兴趣，并与销售人员商谈，价格谈得差不多时，再开始询问你想要购买的产品。一般情况下，经销商都会报出一个很低的价位，以体现你想要购买的产品是最低价格。此时，如果你感觉对方报出的价格合理，便可以当即表示购买，或者再砍砍价，然后当即买下。

9. 一唱一和配合买

在砍价的时候，一个人说买，东西质量好，另一个说东西太贵，不能买，还有更加便宜的。这个时候，商家为了做成生意，只要你价格比较合理，一般也会同意成交的。

10. 假装走人砍价法

卖家开价后，假装惊讶，假装比较了解行情，直接开低价。一般卖家这时候会表示不可能或是不屑。那这时候就得走人，生意可以不做，脸不能丢。关键时刻，一说要走，如果卖家多说一句“你要就给你便宜点儿”之类的话，那多半表示差不多有戏，可以接着回来继续砍价。如果卖家一边说价钱接受不了，一边死活又不让你走，那就表示绝对有戏，这种情况下一般都能砍价成功。

小心建材购买中的“猫腻”

说起装修，很多人都有一部心酸史。建材老板唯利是图，建材行业管理不规范，商家玩的数字游戏五花八门，暗藏“猫腻”，让消费者防不胜防。至于这里面“水分”到底有多大？骗人的招数诡秘何在？其中有一些“内幕”惊人。

1. 偷梁换柱

我们常人看起来外观、花纹和颜色一模一样的陶瓷制品，有时其实在质量上差别很大，非专业人士一般很难鉴别。同样是瓷砖，质量好的瓷砖，在背面倒少许水，正面没有水珠渗出，而质量次的瓷砖时间稍长就会有水珠渗出。在顾客前来选购时，黑心老板往往会向消费者极力推荐好瓷砖，但顾客交完钱后，送上门的货却是“调包”后的质次货。

2. 漫天要价

“漫天要价”也是商家牟取暴利的常用招数。目前，由于市场上装修材料品种繁多，进货渠道复杂，这使得物价部门对建材市场尚无统一的价格规范。一些老板往往乘机将价格抬得高高的，任顾客“砍”，这在水龙头、水槽、坐便器等家庭常用洁具上尤其突出。例如，成本不足100元的不锈钢水槽，经销商能标价到1000元以上；从厂家进货时只有30多元的水龙头，一转手后就标上了百元开外的高价。顾客即使是“拦腰”砍价，商家利润仍然不小。

3. 里应外合

我们大多数人一辈子装修房屋的机会也就那么几次，所以对于装修材料的好坏大多是外行，都要由装修工陪同购买。这样，“黑心”老板就有机会与装修工“里应外合”联手“宰”顾客。“拖垮累垮”业主是一些有“经验”的装修工常用的手段，他们通常会十分“认真负责”地陪同业主一家挨一家地逛材料市场，但不是说这家质量不好，就是说那家价格有诈。几圈下来，在业主精疲力竭时，装修工就会不失时机地推荐几家“信誉较好”的商家。在那里材料质量自然没问题，价格也被装修工砍得“血淋淋”的，但往往送上门的货被调了包。装修工人是经销装修材料的老板们的“上帝”，这在业界已是公开的秘密。老板与装修工通常按月结算回扣，回扣的多少视总价而定。

石材的选购

用于装修地面的石材多种多样，主要包括天然石材和人造石材两种。

1. 天然石材

天然石材最常用的是花岗石和大理石两大类，因产地的地质构造、成形方式及年代的不同，又衍生出上百个色泽和质地不同的品种。

（1）天然花岗石：指从天然岩体中开采出来，经加工而成的一种板材，具有硬度大、耐压、耐火、耐腐蚀的特点，有黑、白、灰、红等颜色的麻点状图案，自身质量比较大。

（2）天然大理石：指变质岩，组织细密、坚实，表面光滑、色彩美观、纹理清晰，具有独特的枝条形花纹，但硬度不如花岗石，抗风化能力差，历经百万年风雨沧桑，石质风化较为严重，容易断裂，失去表面光泽。

2. 人造石材

人造石材主要包括人造花岗石、真空大理石、水磨石、聚酯混凝石、水晶石等。

（1）人造花岗石：指以天然花岗石的石渣为骨料制成的板材，抗污力、耐久性比天然花岗石强，价格比天然花岗石便宜。

（2）真空大理石：实际上是以不饱和树脂为胶黏剂，将石材开采中的碎块废料结合在一起，采取抽真空的办法，减少气孔率，固化成大块人造石材，经切割、抛光后成为板材。产品强度高，极富装饰性。

（3）聚酯混凝石：指以有机不饱和树脂为胶黏剂，与沙子、石粉等配料，依靠模具浇注成形，靠养护而成的石材，适合生产形状复杂的产品。

（4）水晶石：又称微晶玻璃，是一种性能优越而又极富装饰性的新型材料。其装饰效果像玉石一样高贵华丽。

3. 天然石材与人造石材特性比较

花岗石和大理石各有千秋。花岗石的硬度比大理石大得多，所以对承重力、耐磨损等方面要求较高的地面宜选用花岗石。但是花岗石上面有黑、灰、白、红等麻点颗粒，装饰效果较差，远远比不上色彩绚丽、具有独特自然枝条形花纹的大理石，因此，装修档次较高的装饰工程多选择大理石。

人造石材的色差小、机械强度高、图案可组合、制作成形后无缝隙等特性都是天然石材不可相比的。而且人造石材主要的材料是用石粉加工而成，较天然石材薄，本身质量比天然石材轻。在家中铺设，可以减轻楼体的承重。随着科学技术的发展，人造石材的种类会越来越多，因此也越来越被人们所青睐。

4. 挑选石材应注意的事项

（1）看表面的光洁度：可以用手感觉石材表面光洁度，也可以用肉眼仔细观察。一般来说，颗粒均匀、光滑的石材具有细腻的质感，是佳品；

颗粒粗糙的不等粒结构的石材质量较差。

（2）看色泽：天然石材色泽不均匀，且易出现瑕疵，所以要尽量选择色彩协调的石材。分批验货时最好能逐块比较，整个批次的石材色彩最好一致，不能出现太大的色差，否则会影响装饰效果。另外，石材的色泽还要根据室内木制作的色彩来选择，以免色调不和谐。

（3）看纹理：纹理清楚的质量好。另外，还要注意检查是否有裂纹。特别是大幅面石材，由于开采工艺复杂，往往又经过长途运输，所以最易裂缝甚至断裂，选材时应格外注意。

（4）看规格：质量较好的石材尺寸误差小、翘曲少、表面平整。优等品的石材不允许有缺棱、缺角、裂纹、色斑、色线及坑窝等质量缺陷，其他级别的石材允许有少量缺陷存在，级别越低，允许值越高。

（5）看安全许可证：家庭中石材使用面积较小，石材的放射性一般不会对人体造成危害。但为了保险，选购石材时要看有没有放射性安全许可证，根据石材的放射等级进行选择。石材的放射性，按照镭放射的浓度，共分为 A、B、C 三级，只有 A 级可用于居室内装饰。所以，购买石材时应向商家索要放射性合格证。

瓷砖的选购

选购瓷砖注意三要点

家居装饰不是材料的堆积，而是文化、个性、品位的综合。瓷砖正是应人们个性的要求，以丰富的款式和多彩的花样，为家居增添了不少情趣。目前市场上瓷砖品种数不胜数，并不都是让人放心的瓷砖。

1. 分清种类，因地制宜

瓷砖家族共有四大系列，一是釉面砖，用陶土或者瓷土淋上釉料后烧制成的面砖；二是通体砖，这种砖不上釉，烧制后对表面打磨，里外都带有花纹；三是玻化砖，经高温烧制而成的瓷质砖，硬度高；四是抛光砖，通体砖抛光处理而成，薄轻且坚硬。分清瓷砖类别后，就可以根据使用环境具体选择。比如，厨房和卫浴的地面最好选择防滑易清洗的通体砖。

2. 精挑细选，择优“录用”

质量是商品之魂，瓷砖亦不例外。对瓷砖种类心中有数以后，就要深入考察瓷砖的各项技术指标是否过硬。瓷砖的主要技术指标是耐磨度、吸水率、硬度、色差、尺码等，每一项都马虎不得。

（1）耐磨度：瓷砖的耐磨度一般可以分为五度。一度耐磨性较差，适用于墙面或是人活动极少的地方；二度耐磨性稍好，可以用于浴室和卧室等居室，因为这里人对地面的摩擦相对较小；三度耐磨性适度，可以铺设在客厅、厨房等人经常走动的房间；四度耐磨性较高，可以用于玄关、走廊或是公共场合的使用；五度具有超高耐磨性，一般用于车站、机场等公共场所，家庭没有必要使用。家装用砖在一度至四度间选择即可。

（2）吸水性：由于墙面瓷砖和地面瓷砖使用功能有所不同，所以对吸水性的要求也不相同。墙面瓷砖可以选择吸水性高的瓷砖，而地面则要选择吸水性低的瓷砖。在客厅最好选择吸水性较低的地面瓷砖，因为客厅地面很容易因为频繁的活动而带来污垢，需要经常清理。瓷砖的吸水性越低，其致密程度也就越高，这样，致密的砖孔就不容易吸收水分和污垢，更便于清理。在浴室中，也要选择吸水性低的地面瓷砖，因为这样的瓷砖不仅容易清理，还不会因为过度膨胀而变形。

（3）硬度：在购买瓷砖的时候，可以用敲击碎片的方法来检验瓷砖的硬度。用手指捏住瓷砖的一角，让瓷砖自然垂下，然后用手指轻轻敲击瓷砖的中下方。如果声音清脆，带有金属的声音，这就表明该瓷砖质量较好，硬度高。这样的瓷砖韧性很强，不容易破碎，而且在铺贴后不容易发生龟裂和变形。如果敲击的声音比较沙哑、沉闷、浑浊，表明瓷砖内部很可能存在裂纹，硬度不高。

（4）外观：从外观上也可以鉴别瓷砖的质量。首先是色差，同一品种的瓷砖之间应该没有颜色深浅上的差别，可以将几块瓷砖拼放在一起，在光线下仔细察看，好的瓷砖其色调基本是一致的，不会深浅不一；其次是大小，同一品种的瓷砖应该边长一样，而同一块瓷砖的对边长度也应该一致。此外，还要看瓷砖表面有没有釉面不平、掉角、针眼等瑕疵。也可以用硬物刮擦瓷砖的表面，如果出现刮痕则表明瓷砖施釉不足。这样的瓷砖当其表面的釉被磨光之后，就很容易藏污纳垢，清洗起来十分困难。通常色差小、尺码规整的瓷砖是上品。

当然，技术性能的鉴别不能仅凭感觉，还必须看厂家的认证证书，质量达标的产品都有国家颁发的合格证书。

3. 把握时尚，突出个性

质量和性能得到保证后，还必须把握好风格和时尚，做到“与时俱进”。毕竟装饰是美化家庭的过程，瓷砖的颜色、图案也不可忽略，这方面主要看个人喜好，如果家人都有浪漫情调，则选择一些具有欧美风情的瓷砖；如果古典风格是家人的最爱，不妨试试仿古砖的效果。一般厂家没有成系列的产品，要满足多样化需求，可以到大型知名厂家去购买。

专家解析瓷砖选购误区

瓷砖在现代家庭装饰中是非常常见的一种装饰材料，在家装主材中所占的比重也很大。由于消费者对瓷砖的认识较少，因此在选购中也会存在着一些误区。对此，有关专家结合多年的实际经验，特作一些说明，希望能为大家在选购瓷砖时提供帮助。

1. 价格越贵质量越好?

目前市场上瓷砖价格参差不齐，每平方米的单价少则几十元，多则几百元。很多消费者由于瓷砖知识匮乏，盲目地以为“价高则质优”，便下血本，超预算，但是最终选的产品不一定是自己喜欢的，更不一定会与整体装修风格相匹配。

专家解析：瓷砖的价格并不能与质量画等号，它还受很多其他因素的影响。诚然，质量好的瓷砖，价格一定会有一个较高的底线，但是，时尚、流行的花色也会在一定程度上影响产品价格。此外，新的工艺和研发、使用新的设备同样都会提高产品的成本。而对于抛光砖，表面的光洁度也影响其价格高低，但与产品本身质量无关。

2. 买多了退货很麻烦？

瓷砖是第一批进入工地的主材，因此在装修开始就要选购、预订。很多设计师、销售人员都会建议消费者多买一些，因为施工前的测量多少会出现一些误差。然而很多消费者认为这是商家的一种为了提高营业额的销售手段，即使有些消费者理解这种行为，也会因担心退货问题而拒绝。

专家解析：除了实际施工中难以避免的正常损耗以外，在施工中发现瓷砖不够再去买，会由于不同炉出品而出现色差，或需要等待货源而耽误工期。因此，消费者在初次选购瓷砖时多买些较好，一般墙砖、地砖都以多出铺贴总面积的5% ~ 8% 为宜。品牌瓷砖完全可以做到按合同规定退货，消费者不用过多担心。

3. 证书越多品质越高？

为使消费者能充分信赖自己的产品，很多商家在介绍产品时都会主动出示各种资质证书、检测报告。本来就不了解瓷砖的消费者，也就更无法鉴定这些证书的权威性，因此很多人便在销售员的热情介绍下和一大摞证书的保证下，匆忙购买了产品。

专家解析：目前能够认证瓷砖质量和品质的主要是产品质量检测报告和放射性检测报告等，而这些检测也仅表明产品为合格品，无法证明其品质高低。另外，消费者还需提防各种假证书，这在各行业都不是新鲜事了，不规范的小厂商极有可能以此来作为欺骗手段。所以，还是建议消费者去正规卖场购买品牌瓷砖，这样的产品会更有保障，品牌厂商绝不会用假证书或假检测报告来迷惑消费者、损毁自己的形象。

4. 打折品质量也打折？

近年来，各行各业都在利用各种机会进行打折促销。很多人认为打折品质量也会打折，虽然有些品牌断然不会用这种方式来降低“身价”，但打折品在消费者眼里总不太可信。那么，瓷砖的打折品就是残次品吗，是否所有打折品都不可信呢？

专家解析：很多瓷砖厂家为了吸引消费者、普及消费者的品牌意识，便利用打折促销等手段将一些上市时间较长、市场反应较好且库存量大的产品拿来做活动。所以很多品牌瓷砖之所以打折并非由于质量问题。据了解，品牌瓷砖参加打折活动的产品都是比较受市场欢迎的产品，商家也主要用这种手段来进行品牌宣传，由于这种宣传方式效果很好，所以牺牲一点利润空间也是值得的。不过，刚上市的产品一般不会拿来参加大规模打折活动，一方面其市场反应并不稳定，另一方面厂家也无法短时间生产足量产品。倘若对花色并不挑剔，消费者便可以利用打折促销淘自己喜欢的“便宜货”。如果产品为正规品牌厂家所生产，消费者大可放心购买。

5. 釉面砖不能铺地？

釉面砖可以做成亚光和亮光两种，花色也较多，可以提供给消费者更多的选择范围。但是不少消费者望文生义，听到“釉面砖”这个词就会直觉地认为其表面硬度不够、不耐磨，因而不会选择这种砖作为地砖，只将地砖的选择范围局限在抛光砖或玻化砖等硬度较高的产品。

专家解析：由于釉面砖是在表面加一层釉加以烧制，并非通体烧制成瓷砖，因而其硬度稍逊于通体砖，所以消费者这种理解是有一定道理的。

但是，这里面还是存在误区，因为现在的釉面砖分为墙面砖和地面砖，品牌瓷砖销售员一般会提醒消费者注意区分。一般来讲，用于地面装修的釉面砖可以用来铺墙面，但墙面的釉面砖不可用来作为地面装修。

6. 花色要潮更要新

瓷砖尤其是釉面砖花色较丰富，而作为一种耐用品，很多人都想“既然装修一次不容易，就挑选一种自己特别中意的花色”，而忽视了产品的质量。有些不规范的厂家也会为迎合消费者对花色的需求而牺牲产品质量，进行恶性竞争。

专家解析：盲目追求花色并不可取，因为瓷砖更新的速度远远超过单个家庭的装修频率，每个家庭的瓷砖装修几年之后就必然会“过时”，而且再喜欢的花色时间久了也会出现审美疲劳。另外，瓷砖花色还要与房间的整体风格相匹配，不要让不同建材风格在房间里“撞衫”“打架”，整体风格协调、舒服才能真正实现装修的目的。家庭装修更多的是满足居住的功能需求，因而质量才应作为首选要素。

门窗的选购

选购门窗应该知道的三个问题

在家装中，门是与瓷砖、洁具、橱柜不相上下的开支大项，但是初次装修的业主们在选购时面对“模压门”“实木复合门”“实木门”总是不知所云，对于如何评判其质量更是无从下手。在这里，我们就来给初次装修的业主们扫扫盲。

1. 模压门

结构：由高密度木质纤维门皮板、木龙骨构成框架，内部填充保温材料，表面涂抹防水胶，固化干燥后制成，结构比较简单。

特点：不易变形，且表面有凹凸暗纹，装饰效果较好。由于结构简单，价格低廉，非常经济实用。但不耐磕碰，手感较差，不如实木门隔声效果好。

选购技巧：选购模压门应注意贴面板与框体连接是否牢固，有无翘边、裂缝；内框横、竖龙骨排列符合设计要求，安装合页处应有横向龙骨。板面平整、洁净，无节疤、虫眼、裂纹及腐斑，木纹清晰、纹理美观。贴面板厚度不得低于 3 毫米。

2. 实木复合门

结构：门的骨架、门板、饰面等大多由天然木材组成，其龙骨多采用白松、白杉木方。

特点：豪华美观、手感好，不易变形开裂，外观和全实木门一样自然雅致，材质和款式选择余地大，属中高档产品。但由于材质采用原木直接加工，工艺质量要求高，故价格也偏高。劣质产品选用的木材干燥不够则容易变形。

选购技巧：一看封边，大型厂家使用现代化的机器设备，采用高温高压封边，封边后居室门外表整洁牢固；二看五金配件，优质居室门采用的是名优五金配件，使用时开合自如、无噪声，能经得起上万次的开关而不变形损坏；三看饰面，它由材质和油漆质量两部分决定，材质是指饰面木材材种和厚度，它决定了门的底色、纹理和价格，饰面厚度应在 0.7 毫米以上，油漆的品质和涂饰工艺决定门面涂饰质量，优质的油漆和先进的喷涂、烤漆工艺，可以确保每个门都具有漆面光滑、色泽均匀、纹理清晰的特点；四看环保，所有的原材料为环保材料才能制造出绿色环保产品，要求有环保部门的检测合格证书。

3. 全实木门

结构：全实木门又叫原木花色木门，即采用原木直接加工全木、半玻、全玻三种款式，从木材加工工艺上看有指接木与原木两种。指接木是原木经锯切、指接后的木材，性能比原木要稳定，可保证门不变形。

特点：实木门给人以稳重、高雅的感觉，它的特点是豪华美观、造型厚实，但价格偏高，易变形、开裂。

选购技巧：可依照实木复合门的选购方式挑选。

选择好的塑钢门窗看六个方面

塑钢门窗是一种新型的门窗材料，因其抗风压强度高、气密性水密性好，空气、雨水渗透量小，传热系数低，保温节能，隔音隔热，不易老化等优点，正在迅速取代钢窗、铝合金窗。

1. 看型材

型材质量好坏，直接决定门窗的优劣，用劣质型材生产的门窗强度低，极易变色、变形。对型材的要求：

（1）外观：色泽自然，表面光滑平整，均匀一致。

（2）多腔结构：有独立的排水腔和钢材增强腔，防止钢衬锈蚀，更好地起隔热降噪作用。

（3）有一定的强度和弹性。

（4）为杜绝铅中毒，应选用不含铅的绿色型材。

2. 看配件

五金件、钢衬、毛条等配件的选用是制作高质量门窗的关键，塑钢门窗配中空玻璃时，每平方米重量可能超过40公斤，因此对各种配件的要求很高。不同厂家的配件质量相差很大，价格也相差几倍。劣质配件使用时间很短便损坏，造成窗扇下垂，推拉不动，开关不严，密封不良，甚至留下安全隐患，这方面有许多沉痛教训。

3. 看制作

生产设备和工艺决定门窗整体性能是否优良。按国标要求，塑钢门窗的对角线之差应控制在 2 ~ 3 个毫米以内，有严格的工艺参数和控制范围，这就要求有一定的生产设备和工艺作保证，有素质过硬的员工队伍。所以街头作坊与正规厂家生产的塑钢门窗，质量有天壤之别。

4. 看安装

三分制作，七分安装，若不注意安装标准，就可能造成以后门窗变形。塑钢门窗的热胀系数几乎是钢的 6 倍，所以窗框与墙体之间一定要留伸缩缝，以防热胀冷缩或房屋轻微沉降使门窗变形。同时为保证防水、保温、隔音性能，必须对伸缩缝用弹性材料填充，然后用密封胶密封。还要注意安装时要严防偷工减料和以次充好。

5. 看服务

塑钢门窗寿命长达 15 年以上，在使用过程中难免出现玻璃破损、五金件损坏等情况，而用户自己解决比较困难，这就要求厂家能提供长期完善的售后服务，选择正规厂家肯定比流动作坊可靠得多。

6. 看价格

价格要货比三家，但必须在相同材料和性能的基础上比价格，若一味贪便宜，价格不与性能比较权衡，吃亏的总是用户。

如何选购铝合金门窗

随着铝合金门窗越来越多的运用到房屋装修上，学会判别铝合金材料的好坏也成为消费者必备的知识。怎样判断铝合金门窗的优劣，无论是铝合金室内门（包括隔断门）还是铝合金窗，装修业主在选购此类产品时都必须注意到以下几点。

1. 用料

铝合金门窗主要用材一般包括铝型材、玻璃、五金件。业主在选购产品时，只注重铝型材和玻璃的厚薄，而对五金件的要求却不是很高，这样是不全面的。其实国家对铝合金门窗的要求是有一定标准的，比如国家相关规定要求铝合金门窗的铝型材壁厚应不低于 1.2 毫米，氧化膜厚度应达到 10 微米。优质的铝合金门窗所用的铝型材，其厚度、强度和氧化膜一般都能符合国家的标准。选择玻璃时，钢化玻璃较普通玻璃要好。要知道，门窗损坏通常是从门窗配件开始的，所以如果从门窗安全性和耐久性能考虑，不锈钢材质的五金配件（如螺钉、合页、拉手等）要比铝质配件好，而滑轮最好选择采用 POM 材质的产品，因为此类产品有更高的强度和耐磨性，使用过程中顺畅，不易损坏。

2. 加工

有了好的用料，下一步就是门窗的加工了。因为铝合金门窗的技术含量并不高，所以目前机械化程度也不高，大多数还依赖于安装工人的手工操作。在生产过程中加强操作工的熟练程度和产品意识非常重要，这就要求操作工要有良好的产品质量意识。优质的铝合金门窗，加工精细，切线流畅、角度一致（主框料通常情况下是呈 45°或 90°），在拼接过程中不会出现较明显的缝隙，密封性能好，开关顺畅。劣质的铝合金门窗，特别是铝合金室外窗，产品如果加工不合格，会出现密封问题，不仅漏风漏雨，而且在强风和大的外力的作用下，玻璃会出现炸裂、脱落现象，从而给业主造成财物损失甚至伤人的事故。

3. 外观

业主选购铝合金门窗产品时，通常注重产品的外观以及玻璃的装饰图案，而轻视铝合金门窗表面的复合膜。这种复合膜是人工氧化膜着色形成的，具有耐腐蚀、耐磨损、高光泽度，同时还具有一定的防火功能，所以在选购铝合金门窗时要多比较同类产品。在玻璃工艺上因人而异，不同业主可以根据自己的喜好而选择。

4. 价格

铝合金门窗价格的高低与铝锭价格的高低有着直接关联，但大体上在某一时期铝合金门窗的价格是相对稳定的。在一般情况下，优质铝合金门窗的价格要比劣质铝合金门窗高 30%。劣质铝合金门窗通常采用的是含有大量杂质的回收铝挤压的铝型材，所用的铝型材有的壁厚仅 0.6 ~ 0.8 毫米，无论是从抗拉强度还是屈服强度都大大低于国家有关规定。这类铝合金门窗，特别是铝合金户外窗很不安全，所以业主在选购产品时千万不要图一时的便宜而轻视了自己和他人的人身安全。

5. 性能

铝合金门窗的性能由于使用的范围不同而着重点也不同，但通常要考虑以下几个方面：（1）强度，这主要体现在铝合金门窗的型材的选料上，它是否能承受超高压；（2）气密性，主要体现在门窗结构上，门窗的内扇与外框结构是否严密，铝合金户外窗是否紧密不透风；（3）水密性，主要考核铝合金门窗是否存在积水、渗漏现象；（4）隔音性，这主要取决于中空玻璃的隔音效果和隔音气密条结构以及开闭力、隔热性、尼龙导向轮耐久性、开闭锁耐久性等其他门窗配件的耐久性。

如何选购合格的防盗门

一扇好的防盗门是生命财产的保护神。防盗门有平开式、推拉式、折叠式、栅栏式等结构形式，家庭主要用平开式。选购时重点考察其防盗性能和质量的五因素。

1. 合格证

必须有法定检测机构出具的检测合格证，并有生产企业所在省级公安厅（局）安全技术防范部门发放的安全技术防范产品准产证。

2. 安全等级

防盗门安全性分为 A、B、C 三级，C 级防盗性能最高，B 级其次，A

级最低。市面上多为 A 级，普遍适用于一般家庭。A 级要求：全钢质、平开全封闭式，普通机械手工工具与便携式电动工具相互配合作用下，其最薄弱环节能够抵抗非正常开启的净时间≥ 15 分钟，或应不能切割出一个穿透门体的 615 平方厘米的洞口。

3. 材质

目前防盗门普遍采用不锈钢，美观、耐用、防锈蚀。主要看两点：

（1）牌号。现流行的不锈钢防盗门材质以 302、304 为主。

（2）钢板厚度。门框钢板厚度不小于 2 厘米，门扇前后面钢板厚度一般在 0.8 ~ 1 厘米，门扇内部设有骨架和加强板。

4. 锁具

合格的防盗门一般采用三方位锁具或五方位锁具，不仅门锁锁定，上下横杆都可插入锁定，对门加以固定。大多数门在门框上还嵌有橡胶密封条，关闭门时不会发出刺耳的金属碰撞声。

5. 工艺质量

注意看有无开焊、未焊、漏焊等缺陷，看门扇与门框配合等所有接头是否密实，间隙是否均匀一致，开启是否灵活，油漆电镀是否均匀牢固、光滑等。

最后，购买时还应注意防盗门的 FAM 标志、企业名称、执行标准等内容，符合标准的门才能既安全又可靠。

如何选购门窗玻璃

门窗玻璃的选购可以从以下几方面考虑：

1. 普通钢化玻璃最安全

如果室内外两侧玻璃均选用钢化玻璃，则在室内外都大大提高了玻璃的抗冲击性和安全性。因为钢化玻璃的抗冲击性是普通玻璃的 5 ~ 10

倍，其抗弯性是普通玻璃的 3 ~ 5 倍，可谓安全到家。

2. 朝阳或西晒的房间可使用吸热镀膜玻璃

朝阳或是西晒的房间，居室外侧可以选用吸热镀膜玻璃，室内侧选用普通白玻璃。由于吸热玻璃吸收红外光线，能够衰减 20% ~ 30% 的太阳能入射，从而降低进入室内的热能，在夏季，可以降低空调的负荷；在冬季，由于吸收红外光而使自身温度升高，从而能够抵御外寒，亦可达到节能效果。因吸热玻璃是有色玻璃，所以，在节能的同时，装饰效果也很明显。

3. 中空玻璃更节能

由于密封的中间空气层导热系数较玻璃的低得多，因此，与单片玻璃相比，中空玻璃的隔热性能可提高两倍，对装有空调的建筑物可大幅度降低其耗电。夏天可以隔热 70% 以上，冬天则保持室内暖气不易流失，减少热量损失可达 40%，起到保温的作用，从而将夏凉冬暖变为现实。

冬天，单片玻璃因室内外温差关系，在玻璃表面易造成结露，中空玻璃的热阻较大，室内一侧的玻璃在温度较高的环境中不容易冷却，因此也不容易结露，而且其全部密封，空气的水分被干燥剂吸收，也不会在隔层出现露水，玻璃表面能始终保持平整、清晰。

4. 特种多层复合中空玻璃增大安全系数

多层复合玻璃具有安全防火功能，主要用于镶嵌在防火门、窗、隔墙以及其他需要防火、防震的地方。多层复合玻璃还可提供防盗、防弹、防暴性能。这种玻璃是在两层或三层钢化玻璃之间夹膜或夹丝，而被称为多层复合夹层玻璃。由于选用了钢化玻璃，所以其抗冲击能力得以大大提高，而一旦破碎，又因中间膜的黏接作用，使玻璃碎渣不致脱落，仍起阻挡作用。安装多层复合玻璃可以增加房间的安全系数。

地板的选购

如何选购实木地板

根据加工工艺不同，实木地板可以分为平口地板（又称拼花地板或平接地板）和企口地板。平口地板外形为长方形，邻边相互垂直；企口地板纵向和宽度方面均开有榫和凹槽。目前市场上销售的实木地板多数是企口地板。实木地板一般有两种型号：一种是长条形木地板，长度一般在 45 ~ 90 厘米，厚度在 1.6 厘米以上，宽度在 6 厘米以上。它不直接与地面黏接，而是用龙骨或大芯板作底层；另一种是短小超薄型，它是直接与地面黏接的，所以要求其干燥程度要高，含水率低，才不会变形。

目前市场上销售的实木地板材质主要有紫檀木、柚木、榉木、樱桃木、枫木、水曲柳和柞木等。柚木常有深黑色条纹，性能优良，是制作木地板的上好材料，但价格较高；柞木因材质密度大，硬度高，花纹比水曲柳细腻，也是制作木地板的上乘材料；水曲柳纹理清晰，装饰效果也比较好；榉木稳定性好，色彩明亮淡雅，目前较为流行。进口材质也非常丰富，有樱桃木、苷菝豆、芸香木等等。樱桃木硬度适中，弹性好，木纹细腻清晰，占有大量的市场份额；苷菝豆质地坚硬，纹理粗犷，气派恢宏；芸香木颜色呈金黄色，木材散发出淡淡的清香。用户可根据自己的喜好、居室条件选购。另外，目前市场上进口材料的名称非常混乱，有的厂家以一般材料冒充高档材料，消费者在购买时一定要搞清它们的真实材质，以免上当受骗。我们在选购实木地板时，可参考以下几点。

1. 测量地板的含水率

含水率是木地板的一项重要指标。我国地域辽阔，不同地区对于地板含水率的要求均不同，而国家标准规定木地板的含水率为

8% ~ 13%。一般木地板的经销商应有含水率测定仪，如无则说明对含水率这项技术指标不重视。购买时先测展厅中选定的木地板含水率，然后再测未开包装的同材种、同规格的木地板的含水率，如果相差在±2%，可认为合格。

2. 观测木地板的精度

我们如果要检查木地板的精度，一般可以在开箱后取出10块左右徒手拼装，观察拼装间隙、企口咬合、相邻板间高度差，若严丝合缝，手感无明显高度差即可。

3. 检查基材的缺陷

我们在开箱后，检查木地板的基材缺陷也是很重要的一项内容。应先查是否同一树种，是否混种，地板是否有活节、死节、开裂、菌变、腐朽等缺陷。至于地板的色差，由于木地板是天然木制品，客观上存在色差和花纹不均匀的现象，这是无法避免的。而且铺设实木地板感受回归大自然的感觉，正在于它自然的花色、花纹，如若过分追求地板无色差是不合理的。对于木地板的色差，只要在铺装时稍加调整即可。

4. 挑选板面、漆面质量

我们在选购木地板时，关键要看漆膜光洁度，耐磨度，有无气泡以及是否漏漆等。

5. 识别木地板材种

我们在购买木地板时，一定要认清其材质，不要被其美名所迷惑。目前，市场上树种名称非常混乱，由于木材的生长环境不同，因此，相同树种的材质略有差别，原料价格也不一样，但并非进口的材质就比国产材质好。我国树种繁多、资源丰富，许多地区的树种好，价格也比进口的同类材质低。有的厂家为促进销售，将木材冠以各式各样不符合木材学的美名，如樱桃木、花梨木、金不换、玉檀香等；更有甚者，以低档充高档木材，消费者一定不要为名称所惑，弄清材质，避免上当。其实，购买木地板时，最好买品牌信誉好、美誉度高的企业的产品，除了质量有保证之外，正规企业都对产品有一定的保修期，凡在保修期内发生的翘曲、变形、干裂等问题，厂家负责修换，可免去消费者的后顾之忧。

6. 确定合适的长度、宽度

建议大家在选择实木地板时，以中短长度地板为主，这样尺寸的木地板不易变形；长度、宽度过大的木地板相对容易变形。

如何挑选强化复合地板

强化复合地板主要是利用小径材、枝桠材和黏结剂通过一定的生产工艺加工而成。这种地板表面平整，花纹整齐，耐磨性强，便于保养，但脚感较硬。

1. 看表面

我们在购买复合地板时，最好选择“麻面”结构地板，这是欧洲时下非常流行的一种地板，它已经逐渐取代了旧款的细小沟槽结构，顺应了现代家庭注重清洁卫生的趋势。因为旧款的沟槽结构最明显的缺点就是卫生性较差，灰尘脏物都深陷其中，清理非常麻烦，天长日久形成黑缝，不仅影响美观，而且使大量细菌有了藏身之所。而新型的“麻面”地板正好克服了这一缺陷。

2. 比厚度

如今，我们在市场上能够见到的地板，其厚度基本都在 6 ~ 8.2 毫米，选择时应以厚度越厚为好。地板越厚，使用寿命也就相对长一些。另外地板最好经过特殊防潮处理。大部分复合地板只在表层和底层做防水处理，而安装拼缝处遇水浸泡则易发胀起翘变形。但现在有的品牌已在地面四周立面采用了立体防潮特殊处理技术，使地板的防潮性有了明显改善，并延长了地板的使用寿命。

3. 掂重量

一般来讲，越好的地板，其重量越大。而地板重量主要取决于其基材的密度。基材决定着地板的稳定性以及抗冲击等诸项指标，因此基材越好密度越高，地板也就越沉。我们最好选择高密度板基材。

4. 认证书

我们在选择地板时，经常会听到、看到卖家的宣传，称其品牌如何，质量多好。这时，我们千万不要轻信商家的口头承诺，而一定要认准商家有无公开展示的相关证书和质量检验报告。相关证书一般包括地板原产地证书，欧洲复合地板协会（EPLF）证书，ISO9001 国际质量认证证书，ISO14001 国际环保认证证书，以及其他一些质量证书。质量检验报告必须是国家权威检验机构签发的原件。

5. 重环保

大家都知道，现在地板的环保性是我们普遍关心的一个大问题。绿色环保地板可以满足消费者保护环境和健康的要求，因此它在价格上一般要略高于其他普通地板。

6. 问售后服务

我们在购买前，一定要问清地板商家是否有专业安装队伍，地板铺装后商家能否提供正规的保修证明书和保修卡。因为强化复合地板的安装是需要专业安装人员和使用专用工具的。除此之外，消费者选购地板时还应考虑价格和花色等问题，以便根据自己的消费档次和个人喜好，选择称心如意的产品。

如何选购竹地板

我国竹地板发展史并不长，只有十几年的历史。但是，由于竹地板具有独特的优点：纹理通直、色调高雅，有“宁可食无肉，不可居无竹”之誉。加上生产过程中人工精选，使竹地板尺寸稳定性、力学强度好，经久耐用，取自于自然、用自于自然，无污染，而且还为居室平添更多的文化品味，深得国内外消费者喜爱。但是，由于竹地板加工生产行业管理尚不规范，企业之间技术设备和生产管理差距很大，因此，对消费者提出以下几点建议，供选购时参考。

1. 产品资料是否齐备

一般来说，正规的产品应有一套完整的产品资料，包括生产厂家、商标品牌、产品标准、检验文件、使用说明、质量保证、售后服务以及正式的获奖证明、销售代理授权文件等。资料齐备的产品，即使出现了质量问题，消费者也可方便地要求法律支持。

2. 外观是否满意

竹材地板的外观质量是取胜于其他种类地板的主要因素之一。首先看地板的色泽。质量好的产品表面颜色应基本一致，清新而具有活力。比如，本色竹材地板的标准色是金黄色，通体透亮；而碳化竹材地板的标准色是古铜色或褐红色，颜色均匀有光泽感。不论是本色，还是碳化色，其表层尽量有较多而致密的维管束分布，纹理清晰。就是说，表面应是刚好去掉竹青，紧挨着竹青的部分。质量控制较好的工厂比较容易把握这一点。其次是看油漆质量，将地板拿到光线能直接照射到板面的地方去仔细观察，看有没有气泡和麻点，有没有橘皮现象，漆面是否丰厚、饱满、平整。然后，再用大拇指指甲用力在漆面上划，看有没有划痕。用小刀片在漆膜上划一些 3 ~ 5 毫米见方的“#”字框，用手轻轻剥，看是否会整块脱落等。通常情况下，淋涂面漆比滚涂面漆质量好。再次是要看地板的侧面和背面。背面的加工也应该尽量避免缺陷，整块地板的质量才有保障。

3. 内在质量是否可靠

外观可以通过肉眼观察出来，那么内在质量在没有测试手段的情况下，能否“看”出来呢？其实外观情况也是内在质量的外在表现。

（1）看所用材料。竹材地板要求使用中龄以上的新鲜毛竹，如果地板的色泽呈呆板的苍白状，竹面的维管束分布稀而少，地板的重量较轻，这往往是使用了嫩的竹材的表现。如果竹片呈灰暗色，纹理模糊不清，斑点分布明显，这是使用了不新鲜竹材的表现。此外如果蒸煮、漂白不到位，也会出现上述情况。用这些材料制成的地板，质量可靠性较差。

（2）看地板结构是否对称平衡。竹材地板的结构，可以通过地板两端的断面非常容易地观察出来。符合对称平衡原则的结构就稳定，反之则不稳定，形变的可能性大，影响地板使用。

（3）看地板层与层之间胶合是否紧密。胶合质量好的地板，平整无缝隙，无裂纹；否则，不仅会造成地板强度的降低，而且水分会轻而易举地渗透进地板中，造成地板变形甚至脱胶。

4. 加工精度是否达标

可以随机抽几块竹材地板将其进行嵌入拼合，就能判断出竹材地板的加工精度如何。方法是取 4 ~ 5 块地板，用砌砖式的错位拼合榫槽，看看两边的接缝是否密实，两头是否由于角度误差产生拼缝，用手摸一摸榫槽结合处是否存在高低不平的现象等等。

消费者在购买竹材地板时，只有做到多观察，多比较，才能买到称心如意的产品。

如何挑选实木复合地板

实木复合地板的直接原料为木材，保留了天然实木地板的优点，即纹理自然，脚感舒适，但表面耐磨性比不上强化复合地板。现在市场上的地板品种越来越多，挑来挑去难免挑花眼。那么，实木复合地板究竟该怎么挑选呢？

1. 外观

和实木地板一样，实木复合地板也分为优等、一等、合格品三类。外观质量是分级的重要依据。选购时，首先要看表层木材的色泽、纹理是否清晰，一般表面不应有腐朽、死节、节孔、虫孔、夹皮树脂囊、裂缝或拼缝不严等木材缺陷，木材纹理和色泽的感观应和谐。同时，还应观看地板四周的榫舌和榫槽是否平整。

2. 种类

实木复合地板有两种，一种为三层实木地板，它的产生较早，是由表板、芯板、背板三层木板拼合而成。另一种为多层实木地板，它由七层或九层组成，稳定性要比三层实木地板好些。尤其是在地热环境中，多层实木地板耐热性强，更不易变形。因此在购买时要根据自己需要，搞清究竟买三层还是多层实木复合地板。如果你选的是地热用地板，那就一定要选择多层的。

3. 结构

消费者在选购时，通过多层实木地板的四边榫口，可以看到单板层层叠加的结构。传统多层实木地板基材都采用奇数层组坯，一般为七层或九层。近几年，一些品牌对传统工艺进行改良，采用偶数层组坯方式，即为八层或十层。消费者在购买时不妨将地板拿起，看一下地板的结构层，数一下是几层的。

4. 油漆

油漆的质量与涂装方式是决定地板环保、耐磨、硬度等参数指标的重要因素。地板油漆应属于环保涂料，应不含卤化烃、重金属、甲醛及其他放射物。此外，地板油漆的涂装方式也应询问、考查清楚。地板的六面封漆，面、背、四边都要用 UV 漆和水性漆封，起到严密抗水防潮、防漆脱落的作用。油漆要有填充性，色泽饱满，并且耐挂擦，不易脱落。

5. 甲醛含量

多层实木地板由多张木材单板拼装粘合而成，地板黏结剂的品质、环保性能至关重要。一旦所用的黏结不好甚至是劣质的，都会使甲醛严重超标，影响使用者的身体健康。我国目前对地板环保的强制性最高标准是 E1 级，即甲醛释放量平均值低于 1.5 毫克 / 升。所以消费者在购买时最好买 E1 级的地板，这样才能放心使用。

6. 拼接

拿到地板时，可以在一个包装箱中随手取 5 块以上地板置于玻璃台面上或平整的地面上，进行拼装。拼装后用手拍紧榫槽，观察榫槽结合是否严密，然后用手摸，感觉是否平整。手摸后，再拿起两块拼装的多层实木复合地板在手中晃，看其是否松动，若有高低较突出的手感和松动现象，说明该产品不合格。

7. 安装

实木复合地板的铺设方法有很多种，不管采用何种铺设法都要规范。而且最好就是谁卖谁装，避免不必要的推诿和麻烦。虽然稳定性好是实木复合地板的突出优点，但铺装不科学会直接影响产品的稳定性。地板好不好，安装很重要，只有安装步骤规范了，地板使用起来才会安心、放心。

如何选购软木地板

软木是一种纯天然的高分子材料，在世界上分布稀少，主要分布在中国秦岭地区和地中海沿岸，是世界上现存最古老的树种之一，距今约有 6000 万年的历史。软木是极为稀有的材料，只有当栓皮栎长到 25 岁时才可以采剥树皮，此后每 9 年采剥一次，即便是养护得好，一棵树也只能采剥 10 次左右。

柔软是软木的主要特点之一，但它所谓的“软”是指它的柔韧性，地板本身并不软。因为软木的细胞结构犹如蜂窝，细胞中有一个个密闭的气囊，受到外来的压力时细胞会收缩变小，失去压力时就会恢复原状，这样使得软木地板有很好的恢复性，因此软木地板的使用寿命很长。它表面独有的耐磨层至少使用20年不会出现开裂、破损。软木地板这种独特的构造使脚感更加舒适，可减轻意外摔倒造成的伤害，有利于儿童骨骼生长，保护成年人特别是老年人的膝关节。长时间在软木地板上行走、站立不感觉疲劳，因此非常适合老年人和儿童使用。软木地板这一系列的优越性能，也注定了它的价格高昂。因此，消费者认识软木地板和精心挑选软木地板是必须的。

1. 看外观

软木树皮在采剥后根据树皮的厚度和颜色纯度分为三个等级（A，B，C），每一等级的原材料价格上相差50%。软木是来自大自然的纯天然产品，在制成地板后表面自然有一些坑洼现象，不影响正常使用，而且西方人比较崇尚自然的。但如果一些产品由于原料不好，坑洼现象过于严重，采用人工补腻子的手段去填补坑洼，腻子材料的密度和软木完全不同，使用一段时间热胀冷缩后腻子会暴出来，把地板完全破坏了。

软木地板的软木基材的鉴别只要看地板背面材料颗粒大小和黑点多少。凡是颗粒细小、黑点较多的全是用的树皮最表面的混杂沙砾废料，这种废料的基材对柔软度、静音效果影响很大。消费者可以根据软木地板表面的颜色来判断原材料的级别，表面较白的带一点自然色的基本上是A级板，较黑的一般是B或C级的。当然上了色的软木地板除外。

软木地板选择时先看地板砂光表面是否光滑，有无鼓凸颗粒，软木颗粒是否纯净。看软木地板边长是否直，其方法是：取4块相同地板，铺在玻璃上或较平的地面上，然后拼装看其是否合缝。

2. 看密度板和锁扣

锁扣式软木地板中密度板是最重要的，好地板的密度板都是采用杨木、柏木制成的，并且不选用树枝、死树作为基材。还要经过剥树皮工艺、淘洗工艺，而且采用环保的三聚氢氨胶。但作为消费者，我们无法去辨别，我们可以从断面上看到密度板的好坏。另外大家还可以闻断面的味道，好的密度板有木香味，差的有刺激性气味。

密度板质量检测的另一个标准就是密度的高低，好的密度板都在900公斤/米^3，属于高密度板。现在市场上很多是中密度板，它在膨胀率、防水性能和高密度板相差很大。消费者可以通过重量去判断好坏，一对比重量就能明确是不是高密度板。密度板最关键的检验指标还有二个：甲醛释放量、吸水厚度膨胀率。

把地板掰断，注意不是切断而是掰断（这样断面不整齐才有利于观察），看断面是否较白，基材是否均匀，是否有杂质。如果黑，有杂质，就说明了没有经过剥树皮工艺和淘洗，还要看木纤维长不长，反之则有杂木。

3. 摸手感

一般好的软木都给人温暖厚实的感觉，亮度也高。这是由于软木气囊的存在。如果手感比较冰冷，那质量就比较差。

4. 闻味识软木

消费者在购买软木地板时可以凑近板材闻闻味道，如果是木头的清香，那说明是质量好的，如果是橡皮或者甲醛的味道，那环保性能可能就不符合标准了。

5. 试脚感

软木每平米含4200万个非常微小的软木细胞，使它具有非常好的回弹力。脚感非常舒适，而且防滑。

6. 听声音

软木天生具有气泡状的细胞结构，可以吸收走路和物体撞击地面的声音。重物掉在好的软木地板上，声音是非常小的。如果声音较大，可以判定不是好的软木地板。

板材的选购

如何选购胶合板

胶合板是把木材通过旋切形成的单板或薄板，用胶水在一定时间的温度、压力作用下胶合形成的板状材料。常见的有三夹板、五夹板、九夹板和十二夹板（市场上俗称三合板、五合板、九合板、十二合板），通常的长宽规格是：1220毫米 ×2440毫米，而厚度规格则可根据顾客的需要而定，一般有：3、5、9、12、15、18毫米等。主要树种有：杨木、柳桉，杂木、奥古曼、克隆等。家庭装修中，家具、吊橱、护墙板、包实木门等都需要使用胶合板。面对建材市场上五花八门、良莠难分的各种类别，消费者在挑选时一定要做到心中有数。

1. 看环保

要看有害气体释放量是否符合国家标准，尤其是胶水释放的游离甲醛是否超标。对于这些专业性太强的东西，绝大多数消费者可能都不懂，也无法测定，因此看生产厂家有无中国环境标志产品认证不失为一条捷径。因为要通过该认证，必须要以质量、环保双达标为前提。

2. 看材料

不同树种的价格不同。消费者可根据不同的需要选购不同材料的品种。目前，市场上充斥着大量低价位的柳桉芯胶合板。其实这是将杨木芯板作了表面着色处理，所以外观上与柳桉芯板基本一致，但质量却相差甚远。实际上，柳桉芯板无论是分量还是硬度韧性上都要高于杨木芯板，消费者购买时要仔细辨认，以免上当。

3. 看做工

胶合板的夹板有正反两面的区别。选购时，胶合板板面要木纹清晰，正面光洁平滑，要平整无滞手感，反面至少要不毛糙。最好不要有节点，即使有，也应该很平滑美观，不影响施工。胶合板如有脱胶，既影响施工，又会造成更大的污染。因此挑选时，要看其是否有脱胶、散胶现象，你可以用手敲击胶合板各部位，如果声音发脆且均匀，则证明质量良好，若声音发闷、参差不齐，则表示夹板已出现散胶现象。

4. 看外观

消费者选购时，对每张胶合板都要看清是否有鼓泡、裂缝、虫孔、撞伤、污痕、缺损以及修补贴胶纸过大等现象，有的胶合板是将两个不同纹路的单板贴在一起制成的，所以在选择上要注意夹板拼缝处是否严密，有没有高低不平现象。不严密不整齐的胶合板制作出来的家具和门窗是很难看的。挑选胶合饰面板时，还要注意颜色是否统一，纹理是否一致，并且木材色泽与家具油漆颜色是否协调。总之，你要依据装修整体布局、格调和色彩的需要，来选择合适的胶合板品种。

说起来很容易，操作起来却很难，因此，消费者除了应掌握一些基本的选购知识外，选择一家放心可靠的装饰材料供应商也是非常必要的。

如何挑选大芯板

大芯板是细木工板的俗称，是利用天然旋切单板与实木拼板经涂胶、热压而成的板材，是装饰装修用人造板的主要品种之一，主要用于家具制造，门窗、吊顶、地面和墙裙装饰装修等。

1. 大芯板的分类

从结构上看大芯板是在板芯两面贴合单板构成的，板芯则是由芯条（即木条）拼接而成的实木板材（或网格框），芯条之间可以使用黏结剂拼接，也可以是直接拼接，据此可以分类为胶拼细木工板和非胶拼细木工板。板芯两面可以分别粘贴一层或两层单板，据此可分类为三层细木工板和五层细木工板。例如，五层细木工板的结构为面板、芯板、板芯、芯板和背板。

2. 大芯板的特点

（1）工艺不同，质量有异。大芯板的芯板加工工艺分为机拼与手拼两种。手工拼制是用人工码放木条，木条受到的侧向挤压力较小，木条间缝隙较大，拼接缝隙不均匀，握钉力差。而机拼的芯板木条间受到的挤压力较大，缝隙极小，拼接平整，承重力均匀。因此，机拼板材结构紧凑，长期使用不易变形。

（2）树种不同，价格不同。大芯板芯条的材质有许多种，市场上以杨木、杉木为主。由于树种的不同，木材的物理性能也大为不同，有些木材具有香味，有些木材防虫驻……硬度、膨胀率、变形度、密度、纹路、加工容易度、耐腐程度、色泽、弹性、摩擦力、吸水率、燃点、耐磨度等都不一样，树种档次越高，大芯板的价格越高。

（3）等级不同，价格不同。大芯板根据材质的优劣及表板的质地可分为优等品、一等品和合格品。材质等级不同，则板材的价格也相差很大，优等品的价格要高于一等品和合格品的价格。

3. 大芯板的选购

大芯板质量的好坏会直接影响装饰的效果，我们在挑选大芯板时需要注意以下的几个问题：

（1）具体的环保指标。由于大芯板通常都是用黏结剂粘合而成的，但是黏结剂的成分又主要是甲醛，我们在购买时，其含量应低于 50 毫克

/公斤。有少量品牌，用的是非甲醛黏结剂，其甲醛含量完全达标。

（2）看其表面的砂光度。一般情况下，优质的大芯板都是双面砂光，用手摸时手感非常光滑。

（3）要选择机拼板。机器拼装的板材拼缝更均匀。

（4）中间夹板的木方间距不要超过3毫米。通常来说，中间夹板的木方间距越小越好，最大不能超过3毫米，检验时可锯开一段板检查。

（5）中间夹层的材质。中间夹层的材质也是十分重要的，我们最好选择杨木和松木，不能是硬杂木，因为硬杂木不“吃钉”。

（6）含水率。一般情况下，木材含水率应为8%～12%，优质大芯板为蒸汽烘干，含水率可达标；劣质大芯板含水率常不达标。

如何选购红榉板

通常我们在市场上所见到的天然榉木饰面板材有白榉和红榉两种颜色。白榉呈浅淡黄色，红榉稍偏红色。由于红榉的价格适中，花纹和颜色又能被绝大多数人所接受，所以红榉便成了饰面板材中使用最多的一种材料。那么，我们在挑选红榉板时应当注意些什么呢？

1. 要注意区分人造红榉木板与天然红榉木板

通常来说，天然的红榉木板为天然木质花纹，纹理图案变异性比较大、无规则。而人造的红榉木板质感粗糙，色泽呆板、偏深红色，纹案过于规律。

2. 要仔细查看外观

我们在挑选红榉板时要仔细看它的外观，通常红榉板在色泽上有个特点，就是同一纹理，在选择时应注意挑选没有过大色差的板材。质量好的红榉木板木纹清晰、统一、无修补痕迹、无黑斑，色彩明亮、色差小。此外，整板板面不能有过大的变形和弯曲，板材底面不能出现发霉的现象。表层与基材之间有无开胶现象，最简单的方法就是用锋利的平口刀片沿胶层撬开，如果胶层被破坏，而木材未被破坏，说明胶合强度差。

还应注意板材表面的榉木贴面要有一定的厚度，不能过薄，拼缝要整齐严实，贴面不能出现开裂、挑丝等现象。

3. 要注意甲醛释放量

甲醛的释放量我们一定要注意，一般情况下，气味越大，说明甲醛释放量越高，污染越厉害，危害性越大，选购时应特别注意。

4. 要分清等级标准

如果按国家标准来进行划分，红榉板可以具体分为优等品、一等品和合格品等几个等级。现在市场上普遍采用的是 AAA（一等）、AA（二等）、A（三等）三个级别。AAA 级面板表面光滑，色泽柔润，周边规整，无黑点；AA 级面板纹路不太规则，有少许黑点；A 级面板表面粗糙，面纹透底，有木眼，黑点较多。

5. 要注意与装修风格相吻合

若是根据表面纹理来划分，红榉板又可分为大花红榉、自然纹红榉、直丝纹红榉、珍珠纹红榉等。各种纹理各具特色，表现的风格各不相同，在挑选时应注意，根据整体装饰设计方案的要求及装饰工艺的不同加以选择。另外，不同批次的红榉板纹路不同，也会出现色差。为保证装修效果的一致，选购时应尽量一次性买齐。

如何选购石膏板

家庭装修中常用的都为纸面石膏板，一般用在家装的吊顶或隔断中，是以建筑石膏为主要原料，并掺入适量的纤维和添加剂做成板芯，与专用护面纸牢固地粘贴在一起而组成的板材。纸面石膏板具有防火、隔音、隔热、轻质、高强度、收缩率小等特点，并且稳定性好、不老化、防虫蛀，可用钉、锯、刨、粘等方法施工。而作为消费者，我们选购时要学会鉴别石膏板的质量，一般有以下几大技巧。

1. 目测

外观检查时应在0.5米远处光照明亮的条件下，对板材正面进行目测检查，先看表面：表面平整光滑，不能有气孔、污痕、裂纹、缺角、色彩不均和图案不完整现象，纸面石膏板上下两层牛皮纸需结实，预防开裂且打螺钉时不至于将石膏板打裂；再看侧面：看石膏质地是否密实，有没有空鼓现象，越密实的石膏板越耐用。

2. 用手敲击

检查石膏板的弹性。用手敲击，发出很实的声音说明石膏板严实耐用，如发出很空的声音说明板内有空鼓现象，且质地不好。用手掂分量也可以衡量石膏板的优劣。

3. 尺寸允许偏差、平面度和直角偏离度

石膏板的尺寸允许偏差、平面度和直角偏离度要符合标准，如果偏差过大，会使装饰表面拼缝不整齐，整个表面凹凸不平，对装饰效果会有很大的影响。

4. 看标志

在每一包装箱上，应有产品的名称、商标、质量等级、制造厂名、生产日期以及防潮、小心轻放和产品标记等标志。购买时应重点查看质量等级标志。装饰石膏板的质量等级是根据尺寸允许偏差、平面度和直角偏离度划分的。

卫浴洁具的选用

如何选购坐便器

现在在建材市场上，坐便器的品牌繁多，质量参差不齐，消费者在

选购时，可主要从以下几个方面来考虑。

1. 看内部

为了节约成本，不少坐便器厂商都在坐便器内部下功夫。有的坐便器返水弯里没有釉面，有的则使用了弹性小、密封性能差的封垫。这样的坐便器既容易因为结垢而堵塞，又容易漏水。因此，在购买时要伸手到坐便器中的污口触摸一下里面是否光滑。手感光滑的是有釉面的，若手感粗糙则是没有釉面。密封垫应为橡胶棉或发泡塑料制造而成，弹性比较大，密封性能好。

2. 摸表面

高档的坐便器表面的釉面和坯体都比较细腻，无波纹，色泽晶莹，无针眼或杂质，手摸表面不会有凹凸不平的感觉。由于池壁的平整度直接影响坐便器的清洁，所以池壁越是平滑、细腻，越不易结污。中低档坐便器的釉面比较暗，在灯光照射下，会发现毛孔，釉面和坯体都比较粗糙。

3. 是否有开裂

用一细棒轻轻敲击瓷件边缘听声音是否清脆，当有“沙哑”声时证明瓷件有裂纹。

4. 了解坐便器的排水量

国家规定坐便器的排水量应在 6 升以下。现在市场上的坐便器多数是 6 升的，许多厂家还推出了两个冲水量选择：3 升和 6 升。这种设计更利于节水。另外，还有厂家推出了 4.5 升的，用户在选择时，最好做一下冲水实验，因为水量多少会影响使用效果。

5. 不要忽略水箱配件

坐便器的水箱配件很容易被人忽略，其实水箱配件好比是坐便器的心脏，更容易产生质量问题。购买时要注意选择配件质量好，注水噪声低，坚固耐用，经得起长期浸泡而不腐蚀、不起水垢的配件。

6. 视具体情况选择坐便器

卫生间排水管道有S弯管的（如蹲便器改坐便器的情况），应尽量选用直冲式坐便器。

如何选购浴缸

在选购浴缸时需要注意的问题是比较多的，比如对于浴缸的种类、功能、尺寸与形状的选择上都有一些必须注意的地方。那么，该如何选购合适的浴缸呢?

1. 浴缸的种类

（1）亚克力浴缸。亚克力浴缸是目前市场上的主流产品之一，具有表面光洁度高、造型可选余地大、使用寿命长、价格适中的优点，缺点是耐高温、耐压能力较差，而且质量稍差的亚克力浴缸在使用一段时间之后比较容易产生变色和划痕现象。

（2）钢板浴缸。钢板浴缸的价格一般比较便宜，而且在耐高温、耐压等指标上具有比较明显的优势。钢板浴缸的质地较硬，所以在耐用性能上也具有不错的表现，是性价比比较高的一类产品。不过，钢板浴缸的保温性是这几类浴缸中最差的，喜欢长时间泡澡的朋友要慎重选购。

（3）木制浴缸。木制浴缸虽然产生年代较早，但是是在近几年才开始流行起来。良好的保温性和环保性以及偏低的价格是木制浴缸最大的卖点，但是相比于其他种类的浴缸，木制浴缸易变形的缺点使其需要更细心的日常清洁和保养工作。

（4）铸铁浴缸。铸铁浴缸是浴缸中价格较贵的产品，具有表面光洁度高、抗酸碱腐蚀、耐高温高压、坚固耐用的特点，但是铸铁浴缸也有形状比较单一、相对笨重的缺点。

2. 选购浴缸的技巧

（1）看光泽度。通过看表面光泽度了解材质优劣的方法，适合鉴别任何一种材质的浴缸。

（2）摸表面平滑度。此法适用于铜板和铸铁浴缸，因为这两种浴缸都需要表面搪瓷，搪瓷的工艺不好会出现细微的波纹。

（3）手按、脚踩试坚固度。浴缸的坚固度关系到材料的质量和厚度，目测是看不出来的，需要亲自试一试。有重力的情况下，比如站进去，是否有下沉的感觉。

（4）听声音。购买高档浴缸，最好能在购买时“试水”，听听声音。如果按摩浴缸的电机噪声过大，不但享受不成，反而成了负担。

（5）看售后服务。除了看产品质量、品牌、性价比外，售后服务也是消费者应该考虑的一个重要因素，比如是否提供上门测量、安装服务等。

如何选购淋浴房

淋浴房的出现为我们的生活带来了很多的方便，在城市中使用非常的普遍，现在农村和山区也逐渐开始流行淋浴房。当前，淋浴房市场主要有简易淋浴房和整体淋浴房两种，顾名思义，简易淋浴房主要的特点就是结构简单，里面的设施和设备较少，很多都需要单独设置，如淋浴花洒、置物架、毛巾杆等。整体淋浴房设备比较齐全，但是最明显的区别就是整体淋浴房有一个封闭的顶盖，当然价格也不同。选购淋浴房，就要看哪种淋浴房更适合你的家庭使用。关于如何选购淋浴房，下面的几点可以帮助你。

1. 价格不能作为选择的首要目标

不能贪图价格便宜，一定要购买标有详细生产厂名、厂址和商品合格证的产品。一般在大型建材超市购买的品牌产品质量会有保障。

2. 为了体现更好的视觉效应，应该选择和卫生间装饰风格一致的色彩图案

淋浴房的形状一般分为四大类：一字形、圆弧形、钻石形、直角型。大多数消费者喜欢透明钢化玻璃的淋浴房，产品本身与周围环境搭配性强，给人整洁大方的感受，同时增加了整个卫生间的通透性，如果选择钢化玻璃印花等工艺，会降低卫生间的通透感，使卫生间空间显得更小；但也有一些老年人或较传统的人，看中不透明的布纹玻璃淋浴房，最大的好处是洗澡时家人可同时使用卫生间。

3. 玻璃材质选择要看好

淋浴房的主材为钢化玻璃，钢化玻璃的品质差异较大，假劣钢化玻璃存在很大的安全隐患，钢化玻璃从外观看与普通玻璃没有区别，要区别钢化玻璃与普通玻璃只有两个办法：一是看玻璃某个角落上是否有烧制上去的 3C 标志及品牌商标，二是破坏玻璃后看破片是否呈现颗粒状而非片状。

4. 底盘选择要符合一缸多用

淋浴房分带缸高盆和低盆两种。带缸式可坐人，适合有老人或小孩的家庭，还可一缸多用，洗衣、盛水等，不足之处是搞卫生麻烦。相比之下，低盆简洁，价格也比高盆低。另外，消费者要选择侧板可拆卸的底盘，以便于清洗，防止臭味。

当然，淋浴房的选择一定要以框架结构稳固、型材表面光洁、无皱皮和起壳等为基础。如果是钢化玻璃做背板材料的则要求它强度高、透明度好、几何尺寸误差小；淋浴房的组装要严格按组装工艺进行，要求组装好的淋浴房外观整洁明亮，淋浴房的挡门和活动门相互平行或垂直，左右对称，活动门开关方便顺畅，闭合无缝隙，不渗水；组装螺钉以不锈钢材质的为好，冷热水管压力应达标，耐压应达到 5.0MPa，冷热水管不锈钢编丝以用手捋不扎手的为好。

如何选购水龙头

水龙头虽然体型小，但在家居中的地位可谓举足轻重，任何一个家庭每天都少不了用水，总要与小小的水龙头进行频繁的接触。如果水龙头天天漏水或者不好使用，很可能让这接触变成敲敲打打的暴力。那么在起初选购水龙时就要十分注意，尽量选购一款质量过硬、款式新颖的水龙头。

1. 看材质

水龙头以铜制的为上品，铜有杀菌、消毒作用，一般进口产品和国内知名品牌都是采用铜质的。好的水龙头应该是整体浇铸，自重较沉，有凝重感，敲打起来声音沉闷。如果声音很脆，则是不锈钢材料制成，质量要差一个档次。

2. 看表面的光洁度

优质水龙头加工精细，表面光洁度好，可接近镜面的效果且不失真。水龙头经磨抛成形后，表面镀镍和铬处理。正规产品的镀层都有具体的工艺要求，并且通过中性盐雾试验，在规定的时限内无锈蚀现象。在选购时，要注意表面的光泽，手摸无毛刺、无气孔、无氧化斑点。电镀层应有保护膜（可用万用表电阻挡测电镀层是否导电，不导电即为有保护膜），没有保护膜的电镀层容易褪色。

3. 价格不是唯一标准

轻轻转动手柄，看看是否轻便灵活，无阻塞滞重感，不打滑的水龙头比较好。有些很便宜的产品，采用质次的阀芯，技术系数达不到标准，而它们的价格要相差 3 ~ 4 倍。所以在选购时不要把价格定为唯一的标准。

目前，市场上水龙头的内置阀芯大多采用钢球阀和陶瓷阀。钢球阀具备坚实耐用的钢球体、顽强的抗耐压能力，但缺点是起密封作用的橡胶圈易损耗，很快会老化。陶瓷阀本身就具有良好的密封性能，而且采用陶瓷阀芯的水龙头，从手感上说更舒适、顺滑，能达到很高的耐开启次数。目前水龙头绝大部分用的都是陶瓷芯，解决了跑冒滴漏问题，并且使用寿命长。国家标准规定陶瓷阀芯应当能够使用 20 万次，一些优质产品已达到 50 ~ 60 万次。国家要求陶瓷芯片用“九五”陶瓷，即含三氧化二铝达 95% 以上的产品，达不到这个标准硬度就不够。

4. 识别产品标记

我们在选购时要仔细识别产品标记，以便识别和防止假冒，通常正规商品均有生产厂家的品牌标识，而一些非正规产品或质次的产品却往往仅粘贴一些纸质的标签，甚至无任何标记。选购时一定要认准。

如何选购地漏

市场上的地漏按材质分有不锈钢地漏、FVC 地漏和全铜地漏三种。由于地漏埋在地面以下，且要求密封好，不能经常更换，因此选择适当的材质非常重要。全铜地漏因其优秀的性能，开始占有越来越大的市场份额。

不锈钢地漏因其外观漂亮，在前几年颇为流行。但是不锈钢造价高，且镀层薄，时间一长就容易生锈。PVC 地漏价格便宜，防臭效果也不错，但是材质过脆，易老化，尤其北方的冬天气温低，用不了太长时间就需更换，因此市场也不看好。目前市场上最多的是全铜镀铬地漏，它镀层厚，即使时间长了生铜锈，也比较好清洗，一般情况下，全铜地漏至少可以使用 6 年。

除了散水畅快外，地漏防臭是最关键的。现在市场上的地漏基本上都具有防臭功能，根据防臭原理、设施、方式的先进程度，价格也不尽相同，在选购时应根据自己的需要选择适合的一款。

按防臭方式，主要分为三种：水防臭地漏、密封防臭地漏和三防地漏。

1. 水防臭地漏

水防臭地漏是最传统也是最常见的，它主要是利用水的密闭性防止异味的散发。在地漏的构造中，储水弯是关键。这样的地漏应该尽量选择储水弯比较深的，不能只图外观漂亮。按照有关标准，新型地漏应保证的水封高度是 5 厘米，并有一定的保持水封不干涸的能力，以防止泛臭气。现在市场上出现了一些超薄型地漏，非常美观，但是防臭效果不是很明显。

2. 密封防臭地漏

如果业主的卫浴空间不是明室，那么最好还是选择传统一些的密封防臭地漏。这种地漏在漂浮盖上加个上盖，将地漏体密闭起来以防止臭气。它的优点是外观现代前卫，缺点是使用时每次都要弯腰去掀盖子，比较麻烦。最近市场上出现了一种改良的密封式地漏。在上盖下装有弹簧，使用时用脚踏上盖，上盖就会弹起，不用再踏回去，相对方便多了。

3. 三防地漏

三防地漏是迄今为止最先进的防臭地漏。它在地漏体下端排管处安装了一个小漂浮球，日常利用下水管道里的水压和气压将小球压住，使其和地漏口完全闭合，从而起到防臭、防虫、防溢水的作用。

如何选购卫浴配件

一般来讲，我们所说的卫浴配件包括镜子、牙刷杯、肥皂台、毛巾杆、浴巾架、卷筒纸架、衣钩等七件套。我们在选购时应掌握以下四大要素。

1. 看配套

我们所选购的配件应与卫浴三件套（浴缸、马桶、台盆）的整体格调相配套，也应与水龙头的造型及其表面镀层处理相吻合。

2. 看材质

一般市场上所见的卫浴配件用品既有铜质的镀塑产品，更多的是镀铬产品，其中以钛合金产品最为高档，往下依次为铜铬产品、不锈钢镀铬产品、铝合金镀铬产品、铁质镀铬产品。

3. 看镀层

一般来讲，在镀铬产品中，普通产品镀层为20微米厚，时间长了，里面的材质易受空气氧化，而做工讲究的铜质镀铬镀层为28微米厚，其结构紧密，镀层均匀，使用效果好。

4. 看实用

很多进口的产品为铜质镀铬或钛合金，“色面”挺括，精致耐看，但价格较贵。如今一些合资品牌或国产品牌的铜质镀铬价格相对实惠。

涂料的选购

选购油漆需注意的要点

目前建材市场竞争激烈，面对部分建材商花拳秀腿对整体建材市场的负面波及，作为消费者在抵制低劣产品的同时，还要有正确的消费意识，懂得科学的购买方法，才能迫使各建材商用质量来促进销量，从而带动全行业的市场规范。那么，消费者应如何避免买到过了保质期或质量低劣的油漆产品呢？

1. 看包装

消费者选购油漆时应仔细查看包装，聚酯漆因具有较大的挥发性，产品包装应密封性良好，不能有任何的泄漏现象存在，金属包装的不应出现锈蚀，否则表明密封性不好或时间过长；仔细查看生产日期和保质期，首先从外包装上将劣质油漆剔出去。

2. 查分量

据业内人士介绍，不同的油漆包装规格各不相同，重量也各不相同，消费者购买时可用简便的方法识优劣：将每罐拿出来摇一摇，若摇起来有“哗哗”声响，表明分量不足或有所挥发。

3. 看内容物

购买油漆时一般不允许打开容器，但消费者拆封使用前应仔细查看油漆内容物。主漆表面不能出现硬皮现象，漆液透明、色泽均匀、无杂质，并应具有良好的流动性；固化剂，应为水白或淡黄透明液体，无分层无凝聚、清晰透明、无杂质；稀释剂，学名“天那水”，俗称“香蕉水”，外观清晰、透明、无杂质，稀释性良好。

4. 看施工性

质量优良的油漆严格按说明要求配比后，应手感细腻、光泽均匀、色彩统一、黏度适宜，具有良好的施工宽容度。

5. 选择商家品牌

消费者购买油漆时应尽量选择信誉好的正规经销商处购买具有相应品牌的油漆产品，若发现质量问题应及时反应或投诉，否则做好之后，到底是油漆质量不好还是施工技术、环境因素造成就很难说清了。

如何选择环保涂料

居室墙面是家居装修的重点，在众多的墙壁装饰材料中，涂料的应用是最普遍也最广泛的，如何创造一个环保优质的家居环境呢？绿色涂料将为你开启健康家居的大门。

“绿色”涂料主要有两类：一类是“健康”的涂料，如水性涂料、高固含量溶剂型涂料和粉末涂料等，此类涂料不含 VOC（有机挥发性物质），或者 VOC 很少，对消费者的身体健康危害很小；另一类是节能涂料，如保温涂料等，使用这类涂料可以达到节能环保的效果，更为人们提供优质的生活环境。

1. 水基涂料（无毒、无臭、不燃）

环保特色：水有别于大多数有机溶剂的特点是无毒、无臭和不燃，将水引进到涂料中，可以降低涂料的成本和施工中由于有机溶剂存在而导致的火灾，因此水基涂料不但拥有无毒、无臭和不燃等优势，VOC 的含量也十分有限，这让水基涂料成为非常实用的绿色涂料。

健康性能：作为理想的绿色涂料，它在性能方面具备干燥速度快、附着力强、韧性高、黏结力好、防锈等优点。

适用空间：广泛适用于家庭装修的各个空间。

2. 粉末涂料（绝对零 VOC）

环保特色：粉末涂料是由特制树脂、颜填料、助剂或固化剂等以一定的比例混合，再通过热挤塑和粉碎过筛等工艺制备而成，经加热烘烤熔融固化，使其形成平整光亮的永久性涂膜，达到装饰和保护墙体的目的。

健康性能：粉末涂料是一种新型的不含溶剂且 100% 固体粉末状涂料，理论上是绝对的零 VOC 涂料，它的产品回收率超过 95%，生产过程中产生的含量小于 5% 的超细废粉通过回收系统回收后，可以重新用于生产，基本做到了零排放。

适用空间：可涂刷在特殊材料的表面，如金属、塑料等。

3. 高固含量溶剂型涂料

环保特色：高固含量溶剂型涂料是为了适应日益严格的环境保护，从普通溶剂型涂料基础上发展起来的。其主要特点是在可利用原有的生产方法、涂料工艺的前提下，降低有机溶剂的用量，提高固体组织成分以达到环保健康的要求。

健康性能：通常的低固含量溶剂型涂料的固体含量为 30% ~ 50%，而高固含量溶剂型涂料（HSSC）则要求达到 65% ~ 85%，甚至更高。在配方过程中，高固含量溶剂型涂料利用一些不在 VOC 之列的溶剂作为稀释剂，以降低 VOC 含量。

适用空间：可用于有特殊需求的空间或者局部，进行小面积涂刷，如需要有防火、防腐作用的局部空间。

4. 保温隔热涂料

环保特色：保温隔热涂料综合了涂料及保温材料的双重特点，干燥后形成有一定强度及弹性的保温层。

健康性能：保温涂料可与基层全面黏结，整体性强，特别适用于其他保温材料难以解决的异型设备保温；施工相对简单，可采用人工涂抹的方式进行；材料生产工艺简单，能耗低。

适用空间：需要保持室温的室内、室外墙面均可以使用，比如老人房、儿童房等。

5. 隔音防噪涂料

环保特色：具有隔音功能的涂料由树脂乳液与多结晶陶瓷质矿渣粉——精炼铜排放的矿渣为主要成分，配合其他助剂制成。涂料中矿渣与树脂具有良好的混合性，将隔音性填充料渗入其中，能使配制的涂料获得良好的隔音性。

健康性能：由于这种涂料用矿渣配制，成本低廉，加之铜矿渣还能起到防锈、防氧化阻燃的作用。试验表明，用隔音涂料涂在厚度为 9 毫米的石膏板表面，其隔音性能指标超过由两块厚度为 9 毫米的石膏板组成的石膏复合板体。

适用空间：对于隔音效果不好的墙面，或者临近马路的房间，都可以使用隔音涂料，还有一些特殊需求的空间同样适用，如视听间。

如何选购乳胶漆

近年来，墙壁装饰材料中的乳胶漆越来越受到消费者的欢迎。市面上各式各样的乳胶漆品牌非常多，令消费者不知如何挑选。厂家在广告宣传方面各显神通，有的标榜自己是环保产品；有的声称可兑水超过100%；有的宣传自己产品附着力超强，无须进行底材处理可直接涂刷；也有的以自己的产品耐洗刷超过多少次作为卖点……个别厂家甚至不惜误导消费者选购自己的产品。那么，消费者如何才能挑选到品质好的乳胶漆呢?

首先，是可洗擦。因为墙面容易弄脏，有小孩的家庭更会为涂鸦而伤透脑筋。含防水配方的乳胶漆在干透后，会自然形成一层致密的防水漆面。你用清水或温和的清洁剂，就能非常轻易地把污渍抹洗干净，而又不会抹掉漆膜本身。市面上出售的乳胶漆，只要是正规厂家生产、符合国标规定的就有这一功能。有些厂家特别提出耐洗刷次数超过国家标准数倍，其实这对于一般家庭没有多大意义，国家标准的规定已经完全能满足家庭装修的要求。

其次是乳胶漆的防潮防霉功能。你家里的墙面是否发生因为过于潮湿而导致的长霉的情形？在地下室、浴室中，或者在潮湿天气时这点尤其突出。防霉、防潮配方的乳胶漆能有效阻隔水分对墙体及墙面的侵袭，防止水分渗透，杜绝霉菌滋长。

再次，漆面持久不易褪色、脱落，是消费者在挑选乳胶漆时应该注意的又一项要点。一般来说，乳胶漆能保持3 ~ 5年崭新亮丽，就比较符合家庭的要求。

另外，大家最关心的是乳胶漆是否真正无毒、安全和环保。这里可以告诉大家乳胶漆的主要成分是无毒性的树脂和水，不含铅、汞成分。在涂刷过程中不会产生刺激性气味，不会对人体、生物及周围环境造成危害。不过你一定要购买那些标有生产厂家、生产日期和保质期，以及注明无铅无汞标识的乳胶漆产品。

最后，提醒大家在挑选购买乳胶漆的时候，不要过于迷信一些厂家宣传的技术指标，只要是符合国家标准的产品，能适合你在施工、颜色方面的需要，就能对你的家居墙体起到装饰美化作用。

选购腻子的注意事项

在给墙面刷乳胶漆涂料之前，通常需要对墙基面进行预处理，腻子是墙体表面的填充材料，其主要作用是填充墙基面的孔隙和矫正墙基面的曲线偏差，为获得平滑的乳胶漆效果打好基础。想获得好的墙面装修效果，单纯依靠高档、优质的乳胶漆涂料是无法做到的，只有同时选用优质的腻子并用其打好基底，才能实现这一目标。

很多人认为，腻子是要被乳胶漆或其他面层涂料遮盖住的，看不见它。往往并不关心腻子的质量。同时，消费者大多不了解腻子，更无法判断腻子的质量，往往选购到劣质产品。装修时一旦使用了劣质产品，就容易出现墙面起皮、开裂和脱落等现象。

一般来说，腻子分为两种：成品腻子和现场调配腻子。

1. 成品腻子

成品腻子是指厂家加工好的腻子，大多为干粉状，用纸袋或塑料编织袋包装，其质量受到两个标准制约：JG / T3049—1998《建筑室内用腻子》标准和 GB / I8582—2001《室内装饰装修材料内墙涂料中有害物质限量》。

2. 现场调配腻子

现场调配腻子是指在施工现场用双飞粉、熟胶粉、胶水等材料人工调配而成的腻子，是家庭装修时选用最多的一种腻子。

为了能让消费者买到质量可靠的墙基层处理材料——腻子，专业人士介绍了几种选购腻子的方法：

（1）看包装：质次产品通常为小企业制造，产品包装上不会有“JG

/ T3049—1998《建筑室内用腻子》”字样。大厂家的优质产品都是经过检测的，包装上有明显的“达标”标识。

（2）摸样板：样板能够让人更直观地看到产品效果，只要用手摸一摸，划一划，通常就能判断出产品的档次高低。

（3）要报告：产品的检验报告是产品质量的最好证明，目前还没有免检产品，如果经销商拿不出检验报告，产品多为不达标产品。

（4）验出厂日期：注意查验产品的出厂日期和质量检测报告的发放日期。一般情况下，超过 1 年的产品质量会下降很多，而质量检测报告的发放日期超过 1 年即成为自动作废的无效报告。

其他材料的选购

如何选购厨柜

现在的市场上，不同品牌的厨柜价格差异很大。有些厨柜从表面上看起来比较相似，其实不同材料、不同设备和不同工艺生产出来的产品质量会有着天壤之别，我们在选购时一定要注意以下细节。

1. 看门板

可以说门板是厨柜的面子，一个生产工序的任何尺寸误差都会表现在门板上。通常专业厂家生产的门板横平竖直，且门隙均匀。不规范厂家生产的门板由于基材和表面工艺处理不当，容易受潮变形。而不规范厂家生产的厨柜，门板会出现门缝不平直、门隙不均匀，有大有小。

2. 看板材的封边

板材的封边也十分重要，通常那些不规范的厂家都是用刷子涂胶，人工压贴封边，蓖纸刀来修边，用手动抛光机抛光，由于压力不均匀，很多地方不牢固，还会造成甲醛等有毒气体挥发到空气中，影响身体健康。而那些优质的厨柜封边细腻、光滑、手感好，封线平直、接头精细。专业厂家用直线封边机一次完成封边、断头、修边、倒角、抛光等工序，涂胶均匀，压贴封边的压力稳定，将加工尺寸调至合适，保证尺寸精确。

3. 看裁板

大家可能有所不知，厨柜生产的第一道工序就是裁板了。专业厂家用电子开料锯，通过电脑控制材料尺寸精度，而且可以一次加工若干张板，设备性能稳定，板边不崩茬。反之，不规范厂家用手动开料锯，尺寸误差大，而且经常出现崩茬。

4. 看抽屉的滑轨

虽然滑轨只是厨柜的一个小小细节，但是，它却是影响厨柜质量的重要部分。如果孔位和板材的尺寸出现误差，则会使滑轨配合尺寸出现误差，造成抽屉拉不动、不顺畅或左右松动。此外，还要注意抽屉缝隙是否均匀。

5. 看打孔孔位

打孔孔位看似不起眼，但我们也不可忽视。因为它的配合和精度会直接影响厨柜箱体的结构牢固性。专业厂家采用多排钻一次完成加工，定位基准相同，充分保证尺寸精度。而不规范厂家使用单排钻，采用手工操作，多次定位，甚至是手枪钻打，尺寸误差较大，加工粗糙。

如何购买电线

我们在购买电线的时候，一定要擦亮自己的双眼，仔细鉴别，防患于未然。毕竟电线虽小“责任”却很重大。家装离不开电线，尤其是旧房，好多火灾是由于电线线路老化，配置不合理，或者使用质量低劣的电线造成的。

我们在市场上挑选电线时可能会感觉难度比较大，因为它的品种多、规格多、价格又乱。单就家庭装修中常用的2.5平方毫米和4平方毫米两种铜芯线的价格而言，同样规格的一盘线，因为厂家不同，价格可相差20%～30%。至于质量优劣，长度是否达标，消费者更是难以判定。

各种各样的电线之所以会有很大的价格差异，其实，主要是由于生产过程中所用原材料不同造成的。生产电线的主要原材料是电解铜、绝缘材料和护套料。目前原材料市场上电解铜每吨在2万元左右，而回收的杂铜每吨只有1.5万元左右；绝缘材料和护套料的优质产品价格每吨在8000～8500元，而残次品的价格每吨只需4000～5000元，差价更悬殊。另外，长度不足，绝缘体含胶量不够，也是造成价格差异的重要原因。每盘电线的长度，优等品是100米，而次品只有90米左右；绝缘体含胶量优等品为35%～40%，而残次品只有15%。通过对比，消费者不难看出成品电线销售价格存在差异是材质上存在“猫腻”所致。

那么，我们在购买电线时究竟应该如何来进行鉴别呢？

1. 要看

我们要看它是否有质量体系认证书；看合格证是否规范；看有无厂名、厂址、检验章、生产日期；看电线上是否印有商标、规格、电压等。还要看电线铜芯的横断面，优等品紫铜颜色光亮、色泽柔和，否则便是次品。

2. 要试

我们可以取下一根电线头，然后用手反复弯曲，凡是手感柔软、抗疲劳强度好、塑料或橡胶手感弹性大且电线绝缘体上无龟裂的就是优等品。

如何选购开关插座

当我们到建材城去选购开关和插座时，一定要注意以下七点。

1. 看品牌

建议大家选购知名的品牌，毕竟开关的质量关乎电器的正常使用，甚至生活的便利程度，选购品牌能够比较放心一点。其实许多经销商都表示过同样的观点，小厂家生产的开关或者插座很不可靠，根本就用不了多长时间，而经常更换显然是非常麻烦的；但大多数知名品牌会向消费者承诺，如“可用15年”“保证12年使用寿命”“可连续开关10000次”等。

2. 看外观

在选购开关插座时外观也是较为重要的，它的款式、颜色应该与室内的整体风格相吻合。例如，居室内装修的整体色调是浅色，则不应该选用黑色、棕色等深色的开关。

3. 看分量

我们在购买开关插座时最好自己掂量一下它的分量，因为只有开关里边的铜片厚，开关的重量才会大，而里边的铜片是开关最关键的部分，如果是合金的或者薄的铜片将不会有同样的重量和品质。

4. 看标识

每个开关插座都会有标识，例如：长城认证（CCEE）、额定电流、电压等。

5. 看包装

开关插座的包装我们也不要随手就扔掉，上面一般都有厂家地址电话，还有使用说明和合格证。

6. 看手感

品质好的开关插座，手感也会比劣质的要好。通常来说，好的开关大多使用防弹胶等高级材料制成，防火性能、防潮性能、防撞击性能等都较高。选购时应该自己摸一摸，凭借手感初步判定开关的材质，并询问经销商。一般来说，表面不太光滑、摸起来有薄、脆的感觉的产品，各项性能是不可信赖的。好的开关插座的面板要求无气泡、无划痕、无污迹。开关拨动的手感轻巧而不紧涩，插座的插孔需装有保护门，插头插拔应需要一定的力度并且单脚无法插入。

7. 看服务

我们最好到正规厂家指定的专卖店或销售点去购买，并且要向他们索要购物发票，这样才能保证享有日后的售后服务。

如何选购管材

家装时，很多业主面对各类管材往往不知该如何选择，究竟各类管材之间有什么区别，下面笔者将逐一介绍。

1. 铝塑复合管

铝塑复合管损耗小，盘管易运输、可任意剪裁、易安装、施工方便。但配件为纯铜，价格昂贵，铜件内径小于铝塑复合管内径，口径流量小，且安装不好遇热胀冷缩易漏水。管道易受其他专业施工工序的破坏，修补时浪费配件，造价高。铝塑管是高密度聚乙烯夹铝而成，聚乙烯的熔点为 140℃，因此其长期耐高温性能良好，其配套使用的卡套螺母式和钢套钳压式管件，只要正确安装，可靠程度高。

2.PP–R 管

PP–R 管被建筑给排水界视为绿色、可靠的管材。PP–R 管的管件也是 PP–R 材质，与铝塑复合管相比，成本较低，且管件安装时是套在管材的外面，致使流量不减。但 PP–R 管不宜长距离悬空，每隔 50 厘米左右要设一个固定支架，否则易下垂、弯曲。除纯 PP–R 管外，现在还有一种 PP–R 铝塑管，这种管材的管件与 PP–R 管相同，但相当于铝塑管的性能，成本低于铝塑复合管，且抗老化和强度性能较好，长距离悬空不下垂、弯曲。

据了解，PP–R 管由于聚丙烯本身的分子特性，无论是进口还是国产，都存在耐高温性能差和线膨胀系数大等缺点。因此建设部 2001 年 54 号文件明文规定 PP-R 管长期工作温度不能超过 70℃；而其热熔式连接工艺较复杂，推接时易产生堆料缺陷区，导致应力集中，影响管道长期性能。所以，在购买时，不要轻易委托水工或一些没有资质的装修公司，购买时要留心产品的实际产地、商标和售后服务保证。

3.PE 管

PE 管结构单一，综合性能不及铝塑管，主要用于地暖水管，地暖设施一般都由建筑商做好了，家居装修时一般用不到 PE 管。

4.PVC-U 管

PVC-U 管的连接方式为胶粘，遇热时易脱落开胶，只适用于地下管线或者暗埋管线，如果用于大口径高水压明管，必须设计特殊支架，尤其是转角部位，水流冲击对转弯处的破坏极大。家装时的水管不建议使用 PVC-U 管，但穿线管一般都是阻燃 PVC 塑料平导管（PVC 穿线管）。

5. 铜管

铜管的卫生性能优越，但成本很高。铜管的连接方式有焊接（管件分带锡不带锡两种）、管件卡接（管件分两种，一种是卡箍式的，另一种是倒牙咬合、胶圈密封的）。管道容易被后续施工或者二次装修破坏。

第四章

好手艺：在细节上下功夫

好方案＋好材料＋好手艺＋好验收＝满意的家居。可见，在家装过程中，施工也是非常重要的一个部分。家庭装修亦属建筑行业，包括瓦、木、水、电、油等多种常规工种，稍有不慎就会出现意想不到的问题，装修过程中出现任何的“瑕疵”，都会对日后的居住造成无法弥补的“伤害”。

家装施工无小事

切忌频变方案，苛求进度

为确保工程顺畅进行，切忌装修施工中频变方案。一个家装工程的顺利进行，需要业主与施工方都付出努力。以下几点希望业主们注意。

1. 低价高质难实现

不少家装消费者投入不多，却对装修质量的要求很高，因此对工程质量及材料就提出了不合理且过高的要求，造成与施工队的争执，有时还会发生冲突。

2. 找参谋要从头管起

家装的复杂程度远远超过公共工程装修，因此在正规家装公司之外很难找到真正的内行。如果业主要找参谋，最好从谈判开始就找内行人当参谋，一直到工程结束。

3. 变方案要在实施前

在装修过程中最忌讳的是改设计，特别是对已经完成的部分进行改动。装修设计的改动则意味着需要重新购买装修材料，同时还要额外支付工人工资，而原来的材料也无法利用。

有些消费者由于对家装的前期规划不全面，方案天天变。误工、费料、施工队伍天天拆改，双方矛盾不断。所以，方案变更最好在方案实施之前。

在此，业内人士建议，业主一定要寻找有足够工作经验的设计师来进行设计。同时，在动工之前，业主也必须充分理解设计师的意图，如果发现与自己设想有不同的地方，预先修改，这样可避免重复装修。

另外，不要刻意追求施工的进展速度。家装施工场地狭小，人工机具不能全部展开，各道工序衔接困难，无法进行材料储备，一系列的困难造成家装施工进度相对较慢。而施工环节的各道工序都有一个有效的基本循环工期，如果过分强调进度，势必造成施工质量下降。

一般来说，装修公司有一个施工进度计划，如果用户想知道，可向装修公司了解。施工期间，用户与装修公司一同检查工程质量，有什么问题就当面解决。中、小型住宅的施工期通常是一个月到一个半月。

少改墙，别拿结构开玩笑

改结构须谨慎，不要图一时痛快，认为小小的一点改动无关紧要，却不知改变了房屋结构造成受力不均匀，即造成了极大的隐患，既影响安全而且改墙的费用也极高，实在没必要。

在目前的家庭装修中，家装已不仅局限于将房间打扮得如何漂亮，更多的是希望通过装修增加其使用功能。此外，由于经济条件等因素所限，不少家庭购买的户型在面积上普遍没有达到预期目标，于是就出现了目前在装修时对原有的房屋结构进行改造的现象，主要表现在拆除非承重墙等方面。

不少家庭在装修时受到“房内的承重墙不能拆，非承重墙都可以拆”这种说法的误导。其实，并不是所有的非承重墙都可以随意拆改。由钢筋混凝土的柱阵框架组成的房屋内，楼板由横直阵支撑，阵由柱支撑，柱由地基支撑。这种结构通常在室内可见柱阵。在柱阵间的墙身多数用空心砖或普通砖块充塞，这种墙一般为非承重墙。非承重墙并非不承重，其含义仅仅是相对于承重墙而言。专业人士介绍，非承重墙是次要的承重构件，但同时也是承重墙非常重要的支撑部位。因为，从实际情况来看，非承重墙至少要承受来自两个部分的重量：一部分是墙体的自重，以目前通常所见的6~7层的多层住宅为例，底层住宅的非承重墙总共要承受上面五层墙体的重量；另一部分，从设计上讲，非承重墙还属于抗震墙的范畴，一旦发生地震，非承重墙将和承重墙一起承受地震对房屋造成的破坏力。

所以，在一幢楼房中，若个别家庭拆除非承重墙或在墙上打个门或窗户，对结构会造成影响。若是整幢楼的住户都随意拆改非承重墙体，将大大缩短楼房的使用年限。此外，进行装修的家庭还需注意，不能在装修中对墙体随意改动。例如，在承重墙上穿洞、拆除连接阳台和门窗的墙体、扩大原有门窗尺寸。

其实现在的房屋结构基本上布局比较合理，该有的功能分布区间都已经到位，不需要再改什么结构，如果厨房卫生间实在太小，也只能在装修或买家具时把该做的、该买的尽量缩小一些，以增大空间。如果实在不行非要改变结构的，也要询问相关的专业人士并征得相关部门的同意办理拆改手续，以免以后给自己带来不必要的麻烦。

小心装修“敏感地带”

通常在家庭装修中，某些地方的施工改动，将会造成严重的后果。如果业主忽视了这些“敏感地带”的质量，那么很容易让投入装修的资金、人力和精力等白白流走。所以，在装修新居时应注意居室中的“危险地区”。

1. 阳台的地面

在阳台的装修方面，越来越多的家庭喜欢将阳台同房间打通。为看上去更加美观，不少人用水泥砂浆将阳台地面和房间地面做平。殊不知，这样会大大增加阳台的承重，使阳台的安全系数降低。

2. 卫生间的蹲便器

对于很多想把旧式的蹲便器更换成现代式坐便器的业主们，一定要慎重。这种施工难度较大，而且必须破坏原有的防水层。安装不当的话，不是楼下渗水，就是马桶不下水。因为蹲便器一般都是前下水，而坐便器一般都是后水下。所以更换坐便器，就意味着更改下水管道。

3. 暖气和煤气管道

对于煤气管道，装饰公司的施工人员是绝对不能代替煤气公司的施工人员进行安装和拆装。而暖气和暖气管道，也是同样要谨慎从事，如果拆改不当，不是取暖受影响，就是暖气跑水，因为暖气在室内的位置直接影响到冬季的温度。

4. 电线

电线的安装也是十分重要的，有些装饰队伍在电气安装中敷设隐蔽线路时，不按规定施工，到处乱设，并且增加负荷电器的数量，改变电器及管线的走向，造成线路漏电、短路，进而引起火灾事故。

5. 高层楼的地面（楼板）

在装修时，往往还会忽略对楼板的保护。一心只为使地板与楼面黏结牢固，使用了过多的水泥砂浆，从而增加楼面的载荷。还有的在铺设木地板过程中，不按正常的操作规程施工，为固定木龙骨等在原地面上随意射钉、打孔，对楼板造成严重的破坏。

在原有楼板上加设墙体以分隔房间，或者铺装较重的石材地板，又叠加砂浆水泥层，大大地增加了楼板的承重，时间长了会导致楼板开裂或折断。还有一些用户在居室加设灯饰、吊装风扇和天花板时，在空心楼板或现浇板上随意钻孔打洞，凿钻楼板，致使楼板千疮百孔，甚至切断了楼板中的受力钢筋，破坏了其结构性能。如果加上楼上住户铺地面对楼板造成的破坏，那么该楼板的安全程度可想而知。

雨季装修注意防潮

干燥整洁的家居需要从装修时就开始注意，雨季时装修更应慎重。原因在于，雨季时的空气非常潮湿，会使乳胶漆干得过慢，在潮热天气时会发霉变质；各种黏结剂的干燥时间延长，工期会相应延长；板材的水分含量较大，在潮热天气装修，进入干燥季节后，板材会因水分迅速丢失而出现裂缝；空气湿度较大，装修之后气味不易散发，等等。针对上述雨季装修所带来的诸多问题，专家认为，只要提前做好防潮，雨季装修也不是难事。那么，雨季装修应做好哪些防潮措施呢？

1. 保持墙体干燥

装修墙面时，基底腻子的干燥非常重要。处理内墙涂料时，应特别注意涂料的稳定性、黏接强度和初期的干燥抗裂性。此外，涂刷墙面前先要刮腻子，一般需要 1 ~ 3 遍，每两遍之间的正常干透时间为 1 ~ 2 天。在雨季刮腻子前，应该用干布将墙面水汽擦干。同时还应根据天气状况，适量延长腻子的干燥时间，通常为 2 ~ 3 天。

2. 做好板材的防水处理

任何板材都有一定的含水率，通常情况下，具有标准含水率的板材都已经过特殊的加工处理，在常规的空气状态下（不暴晒、不雨淋、不浸泡等），不易发生变形；即使在雨季，空气中的水分也不会对合格板材产生较大影响。所以，板材的防水关键在于避免直接被雨水淋湿，并且存放地点应无积水。

3. 腻子慢干早些刮

对于干燥时间较长的工程，如墙壁和天花板的腻子，雨季是很难干燥的。刮完第一遍腻子后，一星期都没干透的现象也时有发生，而腻子没干透将直接影响后面涂料的涂饰，最常见的问题是墙壁起鼓，因此，雨季施工应将刮腻子等不易干燥的工程提前进行。

4. 防止电线受潮短路

雨季装修，应特别注意电路改造的规范化操作，特别是阳台等容易被雨淋湿的地方，一定要将裸露在外的电线接头包好，防止电线受潮短路。尤其是环绕在受潮木心板、木龙骨等木制品周围的电线，更应注意。

5. 地面需要做防潮

在铺地砖前，需要对地面做防潮处理。通常情况下，可将425号水泥调成乳状，在铺地砖时涂刷地面一次。当厨房、卫生间做好防水处理后，应间隔一段时间再铺地转，其间还要检查地面是否有鼓包现象。如出现鼓包，表明里面有潮气，应立即划破散潮，待水汽完全释放后，立即将其补封。当地面粘贴好地砖后，不要急于勾缝，应待水汽完全释放（7～15天）后再用勾缝剂勾缝。勾缝剂中还要添加防水液。

6. 施工应当防潮气

在施工过程中，特别是在包窗套时，应认真检查铝合金边框是否有渗水现象。如果没有渗水现象，可将墙面处理平整，然后涂刷两遍防水液，并在整修平整的窗台台面下留一道1厘米左右的防潮沟，待水分彻底蒸发后再进行密封。

谨防装修公司“偷工减料”

装修家庭辛辛苦苦地把材料买到了工地，还得提防施工队的陷阱。虽然绝大多数装修公司和施工队不屑于做这种事，但是一些街边的“装修游击队”仍然喜欢来此一手。这些“偷工减料”行为主要包括以下几个方面。

1. 基底处理

在铺贴墙地砖或是涂刷乳胶漆之前，要先把基底处理工作做好。有些工人在施工时在这方面偷工减料，轻则造成墙面不平整、乳胶漆涂刷后有色差，重则乳胶漆变色脱落或瓷砖粘贴不牢。

在具体的墙地砖铺装施工过程中，一定要注意瓷砖不能直接铺在石灰砂浆、石灰膏、纸筋石灰膏、麻刀石灰浆和乳胶漆表面上，而是要将基层面处理干净后方能铺设。瓷砖和基底之间使用的黏结浆料，应严格按照施工标准和比例调配，使用规定标号水泥、黏结胶材料，不能随意调配。在涂刷乳胶漆时，一定要注意墙面腻子的披刮是否均匀、平滑，打磨和滚涂是否到位等问题。另外，要注意乳胶漆是否配比得当。

2. 地面找平

有一些房屋的地面是不大平整的，对于这样的地面，在装修中一定要重新找平。如果工人不够细心或有意粗制滥造，就会造成“越找越不平”的问题，而且施工中使用的水泥砂浆还会大大增加地面荷载，给楼体安全带来隐患。

在进行地面找平工作之前，先应该做好地面的基底处理，然后用水泥砂浆进行地面找平。在水泥干透之后，用专用的水平尺确定整个地面的平整度，然后再进行下一步的施工。

3. 小面处理

所谓的“小面”，就是一些我们通常不大容易看到的地方，比如户门的上沿、窗台板的下面、暖气罩的里面等地方，有些工人在这里就会偷工减料，甚至会不做任何处理。

一定要记住，任何物体都是有 6 个面的，在检验工程质量时不要忽略任何一个细节。

4. 接缝修饰

大家可能常常会看到乳胶漆与木做之间的涂料互相混杂，接缝处出现各种问题。其实在一些墙面与门、窗户的对接处，以及两种不同颜色涂料对接的地方，也正是工人们经常敷衍了事的地方。

接缝的处理是一件比较重要的工作，一定要监督工人认真施工。如果在墙面上有两种颜色的涂料相对接时，在施工中一定要在第一种颜色的边沿处贴上胶带，再在其上涂刷另一种颜色的涂料，这样只要在施工完毕后撕去胶带，整个接缝就可以非常齐整了。

5. 电线穿管

电线在所有的家庭装修施工中，都是穿在 PVC 管中暗埋在墙壁内的。因此电线穿进 PVC 管后，我们根本看不见，而且更换比较难。如果工人在操作中不认真，会导致电线在管内扭结，造成用电隐患。如果工人有意偷工减料，就会使用带接头的电线或将几股电线穿在同一根 PVC 管内。

在进行家庭装修时，一定要自己购买电线，然后在现场监督工人操作，安装完毕后要进行通电检验。另外，还一定要让装饰公司留下一张“管线图”。当电工刚刚把电线埋进墙壁时，就可把这些墙壁编上号码并画出平面图，接着用笔画出电线的走向及具体位置，注明上距楼板、下离地面及邻近墙面的方位，特别应标明管线的接头位置，这样一旦出现故障，马上可查找线路位置。

6. 墙面剔槽

暗埋管线就必须在墙壁和地面上开槽，才能将管线埋入，有一些工人常常在进行开槽操作时野蛮施工，这样一来，不仅破坏了建筑承重结构，还有可能给附近的其他管线造成损坏。

在施工队具体施工之前，应该和施工队长再次确认一下管线的走向和位置。针对不同的墙体结构，开槽的要求也不一样：房屋内的承重墙是不允许开槽的，而带有保温层的墙体在开槽之后，很容易在表面造成开裂，而在地面开槽，更要小心不能破坏楼板，给楼下的住户造成麻烦。

7. 墙地砖铺贴

铺贴墙地砖可谓是一个技术性比较强的工序，工人们如果偷工减料，很容易出现瓷砖空鼓、对缝不齐等问题，另外铺贴瓷砖用的水泥和黏结剂也有讲究，如果配比不合理也会出现脱落等问题。

建设部出台的《家庭居室装饰工程施工规范》中要求墙地砖铺贴应平整牢固，图案清晰，无污垢和浆痕，表面色泽基本一致，接缝均匀，板块无裂纹、掉角和缺棱，局部空鼓不得超总数的5%。

8. 电线接头

一些电工在安装插座、开关和灯具时，不按施工要求接线，使得在使用了一些耗电量较大的热水器、空调等电器时，会造成开关、插座发热甚至烧毁。

在施工中监督电工严格按照操作规程进行施工，在所有开关、插座安装完毕后，一定要进行实际的使用，看看这些部位是否有发热现象。

9. 下水管路

一些施工队在进行装修时，为了方便省事，常将大量水泥、沙子和混凝土碎块倒入下水道。这样做的直接后果就是严重堵塞下水道，造成厨房和卫生间因下水不畅而跑水。有些工程虽然在最后验收时没有问题，但总是出现下水不畅的问题。

要严格监督施工队，不能拿下水道当垃圾道使用。在水路施工完毕后，将所有的水盆、面盆和浴缸注满水，然后同时放水，看看下水是否通畅，管路是否有渗漏的问题。

10. 墙面刷漆

乳胶漆是现在市面上最常见的墙面装饰材料，在具体施工中可以进行涂刷、辊涂或喷涂。如果工人在施工时不认真或敷衍了事，常会出现微小的色差。尤其是颜色较深的乳胶漆更会出现这种问题。

在乳胶漆使用之前，一定要先加入清水，并且调配好的乳胶漆得一次用完。同一颜色的涂料也最好一次涂刷完毕。如果施工完毕后墙面需要修补，就要将整个墙面重新涂刷一遍，以免产生色差。

杜绝隐患，保证厨房安全

厨装施工，细节必不可少

在不少寻常百姓家，双休日的烹调已被当做一档休闲节目，为了建设一个全家亲情交流的场所，人们在厨房装修时花的钱也越来越多。厨房涉及水电气等危险元素，必须保障施工过程及配套产品的专业性。所以，厨房装修施工时细节必不可少。

1. 水池与灶台应在同一操作台面上，不宜距离太远

如果在U形厨房中，将水池与灶台分别设置在U形的两个长边上，或在岛形厨房中，一方沿墙而放，另一方放在岛形工作台上，那么由于热锅、清洗后的蔬菜、刚炒好的蔬菜必须经常在水池与灶台之间挪动，锅里的水因此会滴落在二者之间的地板上。

一般的厨房工作流程会在洗涤后进行加工，然后烹饪，因此最好将水池与灶台设计在同一流程线上，并且二者之间的功能区域用一块直通的台面连接起来作为操作台。

2. 水池或灶台不宜安放在厨房的角落里

有些厨房的格局很不合理，烟道采用墙垛的形式，燃气管道预留在烟道附近，很多人想当然地将灶台紧贴烟道墙安放。这样，操作者的胳膊肘会在炒菜时经常磕到墙壁上，否则只能伸长胳膊操作或放弃使用贴

墙灶眼烹炒食物。水池贴墙安放也会带来同样的麻烦。

因此，水池或灶台距离墙面至少要保留40厘米的侧面距离，才能有足够空间让操作者自如地工作。这段自由空间可以用台面连接起来，成为便利有用的工作平台。水池的下面最好放置洗碗机和垃圾桶，而灶台下面放置烤箱。这种搭配会带给使用者更多的便利。

3. 习惯中餐的家庭不应将灶台设置在岛形工作台上

岛形设计越来越多地被应用于开放式厨房中。如果你的厨房只是一种展示，这种格局会让你心满意足，然而在烹制中餐时，锅里的油烟会四处飞溅，每餐下来，岛形工作台上，甚至附近的地面都很油腻。

对于中国人来讲，岛形工作台最好作为操作台，准备、料理每餐的食物，如果一定要将烹调区设计在岛形工作台上，建议你只在这里烧水、煲汤，而在阳台或其他区域再安放一个大火力灶眼来烹制中餐。

4. 操作台并非一定采用同样的高度

现在多数家庭的所有操作台面都采用统一高度，即80厘米左右，或根据主要操作者的身高略有调整。但就厨房中的每项工作来说，并非这一高度都非常舒适。

厨房台面应尽可能根据不同的工作区域设计不同的高度。而有些台面位置低些会更好，如果使用者很喜欢做面点，那么常用来制作面点的操作台可将高度降低10厘米。

5. 灶台位置不宜靠近门或窗户

有些人为传菜方便，将灶台设置在离门很近的位置。开关门时，风很容易将火吹灭，而且油烟也容易飘进餐厅。而有些人为了油烟能尽快散去，将灶台设置在窗户下，这同样也很危险。

灶台的位置应靠近外墙，这样便于安装抽油烟机。窗前的位置最好留给料理台，因为这部分工作花费最多的时间，抬头看着窗外的美景，吹吹和煦的暖风，让操作者有份好心情。

6. 吊柜、底柜的开门形式应多样

有些人为了追求橱柜在形式上的规整或降低成本，吊柜、底柜都采用对开门的形式，但这会给使用者带来诸多不便。如吊柜门在侧开时，操作者要拿取旁边操作区的物品，稍不留意，头部就会撞到门。而存放在底柜下层的物品，则必须要蹲下身才能拿到。可设置平推门或抽屉来解决这些问题。

7. 冰箱应设计在离厨房门口最近的位置

冰箱离厨房门近，采购的食品可以不进厨房直接放入冰箱，而在做饭时，第一个流程即为从冰箱中拿取食品。冰箱的附近要设计一个操作台，取出的食品可以放在上面进行简单的加工。不论厨房的大小和形状如何变化，在厨房的流程中，以冰箱为中心的储藏区、以水池为中心的洗涤区、以灶台为中心的烹饪区所形成的工作三角形为正三角形时，最为省时省力。

8. 餐桌最好远离灶台

在开放式厨房中，餐厅与厨房连在一起，这时，采用最多的是岛形格局。有些人将岛形工作台设计为烹饪区或洗涤区，并将餐桌与其紧密相连，希望以这种方式让烹饪者随时能与家人交流。但在使用中会发现，油烟、水会不停地溅在餐桌上。

为了让家人有一个良好的就餐环境，餐桌最好远离灶台。如果家人以餐厅和厨房作为家庭的重要活动中心，可以采用餐桌与备餐台相邻的方式，因为备餐花费的时间最长，家人也可以共同来参与。在厨房与餐厅之间加一道滑动门也是很好的处理方式，平时两个空间融为一体，炒菜时关上门，让厨房成为独立的操作空间。

厨具安装施工要求

装修中需要配置的家庭厨具主要有吊柜、底柜、水槽、水龙头、抽油烟机、灶台等。这些设施安装专业技术性较强，其安装程序一般是：墙、地面基层处理，产品验收，安装吊柜和底柜，接通给、排水，安装配套电器，测试调整。

1. 吊柜

要根据不同墙体采用不同的固定方式。后衬挂板的长度约为吊柜长度减去 10 厘米。后衬挂板长度在 50 厘米以内的用两个加固钉，在 80 厘米以内的用三个加固钉。加固钉长度不能小于 5 厘米。安装时要先调好柜体水平，其后调整合页，保证门扇横平竖直；两组吊柜相连，要取下螺丝封扣，用木螺钉相连，两个吊柜柜体要横平竖直，门扇缝隙匀称；吊柜高度应以其底板距地面 1.5 米以上为宜。

2. 底柜

要调整好水平旋钮，各柜体台面、前脸都要在一个水平面上；两柜相连时要用木螺钉，后背如遇管线、阀门等要在背板画线打孔，躲让有关设备，孔侧边不要有锯齿现象。

3. 不锈钢水槽

要按水槽的型号尺寸在台面上画线开槽。水槽和台面板连接时要用配好的吊挂螺栓夹紧、调平、加密封胶封边。水槽与台面板连接缝隙要匀称，不能渗水。

4. 水龙头

可直接在不锈钢板上打孔，也可在其他板上打孔。安装要求牢固，连接部不允许有渗水现象。

5. 抽油烟机

要根据厂家的产品说明，做到吊柜和抽油烟机罩尺寸互相配合，统一协调。目前抽油烟机生产厂家一般都可以按照设计上门免费安装。

6. 灶台

要根据燃气种类选择适合气源的灶台。施工时要锁紧气管，一定不要漏气。安完后要用肥皂沫检验是否漏气，如不漏气才算安装好。

厨房的安全防控最不容忽视。厨房安全关系到家庭每一个成员的人身安全，因此施工安装时应将厨房安全问题考虑得更为周全。

（1）设置漏电保护：装修之前，首先在入户电源系统中单独设置厨房自动空气开关，若厨房电路出现问题，自动空气开关会自动断电达到保护。

（2）选择多头炉具：在烹饪中，普通燃气炉具在火力调小时易熄灭，并因燃烧不完全产生有害气体，而多头炉具设置不同火力，应对不同烹饪需求，安全又节约能源。

（3）多用料理专用工具：传统刀具不易收纳，且操作者容易被划伤。现在市场上有许多手动专用料理工具，如磨蒜机、切菜板，简化传统习惯，而且这些工具也便于收纳。

厨房装修存在的误区

厨房是家庭生活的重要空间，其装修越来越受到人们的关注，而科学合理的装修必然会使厨房使用起来更为方便。

厨房是家庭装修中的重点，也是难点，因为厨房中各种管道较密集，装修时想要兼顾功能的合理性、整体的美观性和安全因素，是非常困难的。打造一个理想的厨房装修需要掌握火候，并准确明白厨房装修时存在的误区。

1. 开放式厨房油烟也开放

为迎合主人需要，现在的户型设计多将厨房面积加大，或是与餐厅连为一体，许多人仿效国外厨房，把厨房设计成餐厨一体化。如果真是就喜欢这种风格设计，不妨改良一下，可以把烹饪灶台“封闭”起来，四周用玻璃材质，既不挡视线，也可以阻隔油烟。

2. 没留足够的操作空间

厨房里经常会有洗涤和配切食品的工作，要有一定的操作空间，同时还应该有搁置餐具、熟食的周转场所，否则日后使用起来极不方便。

3. 储存空间太小

有些人装修厨房时，没有将里面的空间“充分”利用，以至于缺少贮存物品的空间。事实上，厨房装修应尽量采用组合式吊柜、吊架，以便做到合理利用一切空间。

4. 私自改动煤气管道

煤气与天然气管道不能随意改动。如果不得不改，必须经过物业公司的同意，由煤气、天然气公司或物业公司指定的专业公司负责改动。

5. 单一照明光源

相信你曾有过这样的尴尬：在吸顶灯的照射下淘米，即使瞪大了眼睛，也难免有几粒坏米被漏掉；有时，案板正好处于你身体的阴影笼罩之下，切菜只好跟着感觉走了。

时至今日，这种“省电费眼”的照明方式已经落伍了！现代厨房的灯光设计分为两个层面，除了对整个厨房的照明，在洗涤区和操作台也要增设橱柜专用射灯。这类射灯光线适度，开关方便，让你的眼睛得到解放。

6. 橱柜越多越有用

一些人唯恐以后厨房的存储空间不够，所以喜欢选择柜体较多的橱柜。橱柜的选择并非多多益善，而应该合理有效。过多的橱柜不但占去了部分活动区域，而且使厨房显得沉重压抑。

注重细节，卫生间实用最重要

装修卫生间要精细

卫生间作为家庭的洗漱中心，是每个人生活中不可缺少的一部分，是家庭装修设计中的重点之一。一个完整的卫生间，应具备入厕、洗漱、沐浴、更衣、洗衣、干衣、化妆以及洗理用品贮藏等功能。卫生间虽然面积不大，但五脏俱全，几乎包括了瓦工、水电工、油漆工、木工等各个工种，由于卫生间内管线众多、复杂，在使用过程中极易出现堵塞、渗漏等问题，因此对于卫生间的装饰装修工作要求尤为精细、严格，各个施工工序及各工种的配合均马虎不得。那么在卫生间的装饰装修中我们应注意哪几方面的问题呢？

1. 管路的安装要做到规范性和准确性

首先施工人员在管路安装前，依据施工规范要有一份完整的施工图，上面不但要标明各管路的走向、高度，同时还要标明各种卫生器具安装的具体位置图，以保证施工中各管路与器具的连接准确、严密、美观，并能充分发挥各种器具的使用功效，在施工完成后还要对各个管路进行通水、通电测试，以确保各管路处于正常使用状态。

2. 做好装修、装饰线路及各种材料的防火处理

施工人员在管线的安装中必须使用阻燃材料以及符合国家标准的穿线管材，开关、插座的安装要有防水保护盒，木饰及吊顶材料要先做防火、阻燃处理，刷涂防火液或阻燃漆。因为卫生间经常处于较高的湿度状态，同时易燃材料使用较多，如果电气线路的安装不当极易造成短路，引发

火灾及人员伤害。

3. 要做好卫生间的防水、防腐处理

由于卫生间经常接触水，室内防水、防腐处理不好将造成墙体霉变，地面或屋面渗漏水，以及木装饰材料变形、变质。因此在装饰装修施工中对于地面、屋面、墙体一定要先做防水处理，尤其是室内的地漏、穿越墙和楼板的管道周围在使用合格防水材料的同时，施工一定要规范、细致，只有这样才能发挥卫生间的功效，并且对于周围的房间、居室将不会造成不良影响。对于木装饰材料，在使用、安装前要先涂刷防腐涂材料，以保证木装饰材料经久耐用。

4. 所用材料的选择既要保证质量，又要达到环保、节水的要求

无论施工设计多么完美，施工人员技艺多么精湛，但如果施工中所用材料、器具选择不当或者使用不合格材料、用品，不但会对卫生间的装饰装修效果及使用功能造成无法弥补的问题，并且对于以后的使用将造成许多不必要的麻烦。因此我们在卫生间的装饰装修中对于各种材料、器具，无论大小、无论用量多少均要选购和使用符合国家标准的绿色装饰装修材料及合格的卫生节水器具。

5. 注意卫生间用电的安全性

由于卫生间的湿度较大，如果有漏电的情况，将直接对人体造成伤害，甚至危及生命。为防止因卫生间设备漏电而造成人身伤害事故，可以采用安装漏电保护器、插座或者开关上加上盖子、采用防爆的灯具等方法，可有效避免漏电事故的发生。

6. 卫生间地板的防滑性、排水的性能要好

地面的防滑处理是非常关键的，每年都会发生因卫生间地面太滑而摔倒甚至致死的事故，因此铺设卫生间地面应选用防滑材料，如表面粗糙的防滑地板，采用地面防滑剂等。卫生间地面的高度应低于其他地面 10 ~ 20

毫米，地漏应低于地面10毫米左右，以利于排水。另外，卫生间忌无返水弯。下水道的返水弯和地漏至关重要，却极易被忽视，最好买正规厂家符合标准的产品。地漏水封应该超过 2 厘米；洗面盆下面一定要安装返水弯，可防止下水道异味以及细菌、病毒、臭气、蟑螂、蚊蝇侵入并污染。

7. 应增加一些新理念

在现有卫生间面积的基础上，如何最大限度地利用好有限的空间，以体现大面积的特点，是目前卫生间装修中的重要问题之一。可以采用一些立式、柜式或者复式结构，来存放浴巾、洗发、浴液等物品，选材上可以用透明的有机玻璃，应尽量利用好卫生间上部（即 1 米以上）的空间。

应注意卫生间良好的通风、透光、透气等性能，以保证卫生间内环境卫生。还可以在卫生间中安装一些音乐设备、书报架、简易的更衣室以及简单的绿化等措施，均能体现舒适性和休闲性。

只有在卫生间的装饰装修中做好以上几个方面的工作，我们所装饰、装修的卫生间才能达到设计者的设计要求以及使用者的使用、装饰目的，才能在使用中充分发挥出它的功效。

让卫生间“漂亮”得久一些的八个细节

卫生间在家居装修中最容易体现出装修的美观与时尚，让卫生间“漂亮”得久一些，其实很简单，注意以下 8 个细节就可以了。

1. 门框下方，嵌上不锈钢片可防止腐朽

卫生间的门经常处在有水或潮湿的环境里，其门框下方不知不觉会腐朽，因此可考虑将下方损坏的部位取下，作一番妥善修理，然后在门框四周嵌上不锈钢片，减缓或防止门框腐朽。

2. 柜橱门面上安装镜面

为了贮存一些卫生用品，卫生间常常设置柜橱，或者在墙面上做壁柜。

如果在柜橱或凹槽的门面上安装上镜面，不仅使卫生间空间更宽敞、明亮，而且豪华美观，费用也不贵，还可以与梳妆台结合起来，作为梳妆镜使用。

3. 洗脸盆上装上莲蓬头

人们习惯于晚上洗头洗澡，睡一觉后常把头发弄得很乱，于是在早晨洗头的人尤其是女士渐渐多起来。因为每次洗头而动用沐浴设备较麻烦，因此，在洗脸盆上装上莲蓬头，这个问题就解决了。

4. 确保排气管道通畅

由于卫生间的排气道通常是用砖砌成的，阻力较大，而一般普通的排气扇不易很好地清洁空气，宜选用加大风压和功率较大的新型离心式排气扇。

5. 洗脸盆的周围钉上宽的搁板

洗脸盆上放许多清洁卫生用品会显得杂乱无章，而且容易碰倒。因此，不妨在洗脸盆周围钉上 10 厘米宽的搁板，只要能放得下化妆瓶、刷子、洗漱杯等便可以了。搁板高度以不妨碍使用水龙头为宜，搁板材料可用木板、塑胶板等。

6. 浴缸周围墙上打一个凹型洞来放置洗浴用品

在浴缸周围的壁墙上打一个 7 ~ 8 厘米深的凹型洞，再铺上与墙壁相同的瓷砖，此洞可用来放洗浴用品等东西。这样扩大了使用空间，使用起来也方便、自如，看上去卫生间井然有序。

7. 灯具要防水防潮

室内照明可用玻璃罩吸顶灯或吊顶上安装带有机玻璃防护罩的日光灯，在镜面上还可以安装壁灯，在洗脸盆附近的上方，还可以安上电源插座，供吹风机、洗衣机等器具使用。要注意的是插座上应有防水盖板。

8. 为老人及病人安装扶手

对老人、病人或肢体残疾的人来说，弯腰、站立等动作是比较困难的。因此，若有--些可以支撑的东西对他们将有莫大的帮助。在紧靠抽水马桶的墙壁上安装扶手，将有助于他们用厕。

巧妙搭配，客厅舒适就好

客厅吊顶的注意事项

在家装中，客厅吊顶位于居室的中心位置。因为吊顶高高在上，在家居装修风水上是天的象征。所以说，客厅吊顶装修在整个家装的过程中尤为重要。那么，在对客厅吊顶的装修过程中，要从哪些方面进行考虑呢?

1. 客厅吊顶的风水原则

天花吊顶首先忌讳使用口子型，口字形吊顶在中间加上人就变成了一个囚字，所以这里建议大家少使用口字形吊顶；其次要避免鱼骨煞吊顶，鱼骨首先代表的是贫穷困苦，无鱼肉可食，然后骨头本身就是煞，所以当然要慎重使用。

2. 客厅宜装置圆形日光吊灯

客厅一定要让人感觉明亮，所以灯光要充足，暗淡会影响事业发展。客厅天花板的灯具选择很重要，最好是用圆形的吊灯或吸顶灯，因为圆形有处事圆满的寓意。而日光灯所发出的光线最接近太阳光，对于缺乏天然光的客厅最为适宜。

3. 天花板颜色宜轻不宜重

客厅的天花板象征天，地板象征地。天花板的颜色宜浅，地板的颜色宜深，以符合“天轻地重”之义，这样在视觉上才不会有头重脚轻或压顶之感。客厅的天花板象征天的颜色，当然是以浅色为主。例如，浅蓝色象征蓝天，而白色则象征白云。

4. 吊顶宜有天池

假天花为迁就屋顶的横梁而压得太低，无论在风水方面或设计方面均不宜。对于这种情况，可采用四边低而中间高的天花造型，这样一来，不但视觉上较为舒服，而且天花板中间的凹位形成聚水的“天池”，对住宅大有裨益。

通过对客厅吊顶装修注意事项的了解，我们可以发现，在对客厅吊顶进行装修的过程中，吊顶的形式、天花的颜色及吊灯都是不可忽视的因素。

客厅多角边，巧妙换空间

屋内棱角过多是较常见的一种户型缺陷。棱角给人生硬、复杂之感，过多的棱角不仅影响美观，而且会对有老人和小孩的家庭造成安全隐患，因此在装修时要进行一定处理。

1. 附带缺陷别忘处理

追求过于花哨的外立面，在过小的空间内强行划分过多的功能区域，这是导致户型内棱角过多的两大原因，因此在棱角过多的缺陷户型中，同时也伴随着斜边和空间分割混乱等附带缺陷，只是和棱角相比，这些缺陷没有那么碍眼而已。

在空间功能分割上，可以用电视背景墙把书房和客厅区分开来，也可以通过铺装不同颜色和材质的瓷砖及地板，使客厅和餐厅两个功能区得到区分。

2. 现代风格更适合

通常情况下，遇到多角边户型，可以考虑选择现代或者后现代的装饰风格，因为个性是这两种装修风格的最好诠释，有时为了突出表现，甚至要刻意制作出棱角。如果你偏好讲求简单、自然和舒适的简欧风格，复杂的多角空间只能起负作用，所以一定要进行相应处理。

3. 能拆就尽量拆除

拆除是处理棱角最直接、使用最多的办法。拆除棱角后，空间化整归一，在这个基础上，通过软性分割（即通过颜色、材质等的不同来分割空间），重新划分空间功能，整体空间将不再零碎混乱，设计的自由度也大大增加。

4. 视觉淡化

在实际情况中，并不是所有的棱角都能拆除。那么，你可以采用视觉淡化的手法来处理这些无法拆除的阳角和阴角。

例如，可在邻墙上错落有致地放上几幅照片，搭配富有质感的欧式窗帘，形成具有造型意义的照片展示墙，使人们的视觉重点从角转移到墙面上，淡化了棱角的存在。而其他的角落，可以贴上镜子，装上一排灯光、挂画，摆放绿色植物等，进行类似处理。

选择要贴装到墙上的材料时，要尽量选择软性、可塑性强的材料，如木材、壁纸等，避免选择石材和陶瓷等硬性材料，能够方便设计和施工。

巧花心思，卧室可以私密些

卧室装修三要点

卧室是我们休息的地方，所以卧室装修不能忽视，对于没有装修经验的业主来说，卧室装修的注意事项应从以下几个方面考虑。基于卧室的特殊性，它的装修也存在它的几点通用要求。

1. 隐私

卧室的隐私特点体现在两个部分：

（1）不可见隐私：这就要求它要具有较为严密的保护措施，这包括门扇的严密度和窗帘的严密度。门扇所采用的材料应尽量厚一点，不宜直接使用3毫米或5毫米的板材封闭，如果用5毫米板，宜在板上再贴一层3毫米面板。门扇的下部离地保持在3～5毫米。窗帘应采用厚质的布料，如果是薄质的窗帘，应配上一层纱帘，这对减少睡眠时光线的干扰也是有利的。

（2）不可听隐私：这要求卧室具有一定的隔音能力。一般来说，现在的隔墙的隔音效果都是足够的，但是有一些业主基于空间的问题，总是喜欢把两个房子中间的隔墙打掉，然后做上一个双向或者单向的衣柜，这种做法的隔音效果就差一些了。

2. 配色

由于居住主体的不同，卧室配色又不尽相同。

（1）主卧室：主色调应温馨，地面宜用木地板。不排除在双方审美观相同的情况下采取特定风格配色的可能。

（2）次卧室：同样应以温馨为主，但次卧室一般是老人居住的，要根据老人的审美特点配色。

（3）儿童房：宜用一些较为活泼的颜色。比较常用的配色是男孩子房间用蓝色调，女孩子房间用粉红色调或者米黄色调。也可以使用一些带卡通动物或花、植物图案的墙纸。儿童房间也可以多放置一些色彩协调的玩具架。可以使用木地板，这对小孩子摸爬玩耍有好处而又不致于受凉。如果没有条件铺设木地板，也可以使用儿童胶垫，这些胶垫多数五颜六色，还有一些益智图案或者字母。

3. 照明

卧室的照明要求不多，但需要注意的是：卧室不宜采用向下射的灯具，宜用照顶的灯光。但照顶的灯光如果采用白炽灯的话，可能造成灯上部顶面发黄的现象。

如果照明的灯具不在顶部，而是在墙上，则可避免。

补救卧室装修的四大遗憾

大家仔细盘点一下，在卧室施工当中发现装修前留下的遗憾是不是经常都是相同的？而且是比较容易被忽略或遗忘的。在此，我们总结了卧室装修施工前容易留下的四大遗憾，并介绍了相应的补救措施，以供大家参考。

1. 没提前打空调孔

遗憾分析：装修时正赶上冬天，所以很容易忽略打空调孔，等到夏天要安装空调时才不得不现打孔。可打孔时水钻一上去把卧室内的墙面弄成了大花脸，非常不雅观。

遗憾补救：如果决定要使用空调，最好能在刮大白之前把空调孔打好，装修时最好考虑好空调的摆放位置及悬挂高度，因为打空调孔需要使用水钻，很容易把墙面弄脏。

2. 顶灯没做成双控的

遗憾分析：装修半年后才听说，顶灯可以双联双控，门旁一个开关，床边一个开关，这样省去了冬天躺在床上又不得不爬起来开灯的麻烦。

遗憾补救：如果做不了双控灯，可以在顶灯上安装控制器，把顶灯变成可遥控的，同样可以达到双控效果。如果能在装修过程中多与朋友和工人师傅沟通，找到适合自己家的装修方案说不定就能避免这种情况的发生了。

3. 电源位置不合理

遗憾分析：卧室布线时没有准确测量，而是通过大致目测就马虎确定了电源插座的位置。结果电脑桌买回家才发现，桌腿的位置正好挡住了电源插座的位置，没办法只好用活动插座代替，在外面走明线了。

遗憾补救：在不影响美观的前提下，尽可能多预留几个电源插座，因为将来说不定就能用得到了。或者在安排卧室电源插座的位置之前，尽可能准确地将所要摆放的家具尺寸提供给电工师傅。

4. 地热回填地面没找平

遗憾分析：装修卧室时自己改的地热，可在回填的时候没有找平，造成地面凹凸不平，高低差较大。虽然用肉眼看不出什么毛病，可这样的地面质量是很难进行地板铺装的，这样就不得不重新进行地面找平。

遗憾补救：回填时地面做得越平整，铺设地板时就越容易，所以地热回填时业主一定要在场，现场督促工人进行地面找平。否则事后通过地流平等方法进行找平，不但成本高，而且工艺复杂。

别出心裁，装出一个雅致阳台

阳台装修四要点

阳台装修虽没有房屋装修那么多事情，但有些要点还是要注意的，毕竟是家装的一部分，总体还是影响着整个家庭的装修效果，下面笔者给大家总结了几点装修阳台时应注意的问题。

1. 明确功能

现在的家庭阳台有时不止一个，装修前先要分清主阳台、次阳台，明确每个阳台的功能。一般与客厅、主卧室相邻的阳台是主阳台，功能应以休闲健身为主，这样的阳台在装修时，地面的材料最好和客厅或卧室一致，达到和谐美，次阳台一般与厨房或与客厅、主卧以外的房间相邻，主要是储物、晾衣或当作厨房使用，装修时可以简单些。

2. 要注意封装质量

阳台封装质量是阳台装修中的关键。窗及窗框安装一定要牢固。阳台有防风防尘的作用，还有防止不法人员由此进入的安全保障作用，因此安装的质量直接影响着使用功能。一般是窗框下预留 2 厘米间隙，用专用密封剂或水泥填死。有窗台的，要向外作流水坡。

3. 承重安全

很多人都知道阳台承重力很小，因为下面没有支撑，所以在装修阳台时，尽量不要用大理石等作为阳台的地面。在阳台上不要放置太多过重的家具，以免造成危险，居室和阳台之间有一道墙，墙上的门连窗可以拆除，窗下半墙绝对不能拆，它在建筑结构上起着支撑阳台的作用，如拆除就会严重影响阳台的安全，甚至会造成阳台的坍塌。

4. 排水处理

有些家庭在阳台上设置水龙头，放置洗衣机，洗涤后的衣物可直接晾晒，或是在阳台设置洗菜池当厨房使用，这就要求必须做好阳台地面的防水层和排水系统。若是排水、防水处理不好，就会发生积水和渗漏现象。

改建阳台注意事项

一些业主为了把住宅内的使用面积扩大，往往会对阳台进行改建，将客厅向外推移，使阳台成为客厅的一部分，这样一来，客厅就会变得更加宽敞、明亮。这样做本无可厚非，但必须注意保证楼宇的结构安全。

1. 横梁遮蔽

一般的住宅建筑结构，在阳台与客厅之间会有一道横梁。在改建后，当阳台与客厅二者合二为一时，这道横梁便会有碍观瞻，并且有横梁压顶之嫌。所以，必须对其进行一定的处理，使其既美观又不给人压迫之感。事实上，最好的处理的办法，就是用假天花板填平，把它巧妙地遮掩起来。如要加强效果，还可在阳台的天花板上安置射灯或光管来照明，使其避于光的暗影之中，让人无法看清，并表现出朦胧之美。

2. 承重原则

由于阳台一般是突出于住宅外的部位，所以承重力有限。因此，在将其改建时，一定要仔细测算，并遵循一定的承重原则，否则便会威胁到楼宇的结构安全，造成危险，使本来轻松惬意的阳台承载了过多的重量，破坏阳台原有的气场。

在将客厅和阳台做统一改建时，不要使用过于沉重的装饰材料。例如，有些人喜欢用大理石铺设客厅的地面，这本无可非议，但若将阳台也一并铺上大理石，恐怕阳台就无法承受了。

另外，也不要在原有的阳台位置摆放太多沉重的物品，不要把包括大柜、沙发及假山等重物都摆放在阳台上，因为这些高大沉重的物品会让阳台负荷过重，形成一定的风险。其实，阳台改建后，把较轻的物品摆放在那里是最适宜的，既不影响安全，同时还可保持原来空旷通爽的感觉。

装修固然主要，但你花一笔钱买房肯定想居住安全，所以在阳台装修扩建的时候一定要牢记阳台装修改建必须注意的事项，安全装修，安全居住。

阳台变身，生活惬意

阳台是联系家庭与大自然的纽带，无论是几十平方米的大阳台，还是只有几平方米的方寸之地，只要略花心思，就能让惬意的阳台为你的生活增添很多乐趣。

1. 花的海洋

在阳台上种花是大多数人的做法，稍微讲究的家庭会用木板将阳台顶面和侧面包起来，让阳台充满自然的气息。在墙面上再装上几个挂钩，把花篮挂上墙，顿觉赏心悦目！也可以做几个木制隔断，使得盆栽植物配上木制的花架更有型有款。如果这样嫌麻烦，没关系，直接买一个栅栏式的花架，将“个头”比较小的植物摆进去，也很漂亮。如果面积允许，在阳台摆放几个藤式桌椅，品茶赏花，悠然自得，惬意尽显！

特别提醒：阳台适不适合种植绿色植物，跟所处的方位有很大关系，并不是所有的阳台都适合养花。依据家居方位学的观点，相对来说，最适合种植物的是位于东南方的阳台。

2. 安静书房

如果户型面积不大，把阳台变成一个书房是一个不错的选择，放一个小书架，或是电脑桌，挂上厚厚的帘子，一个安静的书房就产生了。不过，阳台地面在填平时一定要慎重，绝不能用水泥砂浆或砖直接填平，这样会加重阳台载荷，发生危险，如非必要尽量不要填平阳台，如非要填平，可采用轻体泡沫砖，尽量减轻阳台载荷。

有的家庭为了增大面积，会把阳台和卧室间的墙体打掉，这种做法是不科学的，如果家里冬天装了壁挂炉，去掉这面墙，冬天的耗能就会增大很多，夏天空调消耗也会增大，所以不要轻易砸墙。保留这面墙，给门装上一个门套，做一个推拉门，完全可以解决问题。

特别提醒：如果需要放电脑，最好不要把电脑冲着阳光那一侧摆放，如果一定得冲着阳光摆放的话，可以挂上遮光布。

3. 休闲会客区

和飘窗一样，阳台也可以轻易被你改造成一块休闲区域。窗户三面挂上垂帘，顶上吊上一盏灯，放一把摇椅，一个属于你的空间就产生了，忙完一天的工作，拉上帘子，坐在摇椅上，释放自己紧张的情绪。也可以放上一对小沙发，两个人坐在沙发上，泡上一壶茶，拉开窗帘，一边观景一边聊天，充分享受属于两个人的时光。

特别提醒：地面铺贴的砖、墙面吊的顶，包括选择的桌椅都需要彼此搭配，颜色做到互相融合，让这个休闲区域更加温馨、简洁。

4. 再造一个盥洗室

如果阳台上接有下水管道，把阳台变成一个盥洗室也是非常不错的选择。不过需要做好防水处理。现在楼房的外墙面由钢筋混凝土浇筑而成，外墙面都是防水的，所以外阳台可以不用再做额外的防水处理，但是地漏周围1平方米的地方要涂上防水涂料，以防止流水渗到楼下！

特别提醒：应当尽量避免阳台上摆放洗衣机、面盆，这样容易产生杂乱的感觉。

5. “玻璃地台”添情趣

讲究生活品质的业主可以试试在阳台上做一个玻璃地台，下面放上漂亮的鹅卵石。如果是小面积房间，可以在阳台上用木板做一个地台，高出地面几厘米，底下可以储物，上面还可以做一个单人床。

需要注意的是，必须在地台的最底层放一层防潮剂，这样能起到防潮防菌的作用，但是如果上层的玻璃没有封闭好，防潮剂就会起到反作用，因此“玻璃地台”的玻璃一定要封好。对于鹅卵石的选择，大多数人的习惯是，将捡回来的鹅卵石在太阳底下一晒干，石头还高温的时候就直接将其放进玻璃底下，这种做法带来的后果是时间一长就会发现有湿气出现在玻璃上。正确的做法是，石头晒干后把它们移到房间，在室温的环境晾上一两个小时，再放进地台里，玻璃上就不会出现湿气。

特别提醒：因为阳台是最容易落灰尘的地方，如果用乳胶漆，总是要打扫，十分不方便，所以，窗台最好用宜于打扫的轻体材料。

第五章

严格验收：让家装少留遗憾

对于大多数初次装修的业主来说，都是家庭装修的“门外汉”，若想让他们把好验收关，确实有些难。所以，业主们一定要在装修过程中仔细把握好每一个环节，从大体效果到施工细节都仔细认真地查看，这样才能保证施工质量，也才会有满意的效果。

家装验收最基础的知识

了解工种分类，控制施工质量

相当多的装修公司，自己并没有一支稳定的施工队伍，揽到项目后再临时拼凑起几个人，干活时并无明确分工，谁有空谁就干。由这样的施工队伍来施工，质量如何保证？

因此，消费者在工程队进场时，就应该把每一个成员的工种先问清楚，然后由其负责人，比如工程队长一一介绍整个装修的工艺流程和每人各自负责的工作。这样，这是否是一支有经验、有能力的工程队，马上就可以估量出来了。

在家庭装修中，主要的工艺（种）分成木工、水电工、泥瓦工、油漆工 4 大块。在整个装修过程中，一般木工、泥瓦工在先，油漆工居后，水电工在中间。但是实际情况并不如此简单，事实上是各工艺过程互相穿插，互相补充。在家庭装修中，各工种主要负责的具体工作大致如下。

1. 木工

做一切涉及木制品的工作，明显的有做橱柜、铺地板、制作和安装木门、木窗、护墙板、踢脚板、画镜线等，不明显的有铺设吊顶、制作龙骨等。

2. 泥瓦工

凡一切与水泥有关的工作一般均由该工种负责，如砌墙、拆墙，铺地坪，贴瓷砖、地砖，安装浴缸等。

3. 水电工

这一工作涉及两大方面，一是排、给水的管道安装和各种龙头、水嘴的安装，二是各种电路的安装和各种电器插座、灯头的安装。这一工作的工作人员必须持证上岗。

4. 油漆工

凡是涉及房屋最后表面装饰的工作一般都由其负责，主要有地板、墙面和家具、门窗等的油漆和粉刷。

上述各工艺虽各司其职，但往往各工艺之间会互相有要求，如油漆工对木工工艺和泥瓦工工艺的平整度提出要求，水电工的各器件安装位置会对泥瓦工工艺提出要求等等。由此看来，各工艺互相构成了家庭装修工艺的整体，但各工艺工种之间谁也代替不了谁。

当消费者了解了各工艺所涉及的工作范围后，消费者就可以多长一个心眼，观其工作是否“串位”，这样可以在检验施工质量时得到比较可靠的信息。

家装验收“五步走”

我们在实行家装验收时，最好采取亲自盯工地的方法监督施工质量，以便能够及时解决问题。如在装修方面是一个外行，那么即使天天泡在工地上，出了问题也看不出来。对于那些苦于没有时间的人来说，“盯工地”就更加不现实了。因此，如果我们能在装修过程中把握好进度，分阶段进行验收，则既可避免往来奔波之苦，又能控制施工的质量。

1. 入场前

检查是否存在安全隐患，墙面处理是否干净，拆改项目是否符合合同规定，进场材料的数量、等级、规格是否与事先约定的相符。

2. 水电路

水路、电路改造的单独验收是我们第二阶段的一个验收，我们要在专业水工或电工的操作下检查所有的改造线路是否通畅，布局是否合理，操作是否规范，并重新确认线路改造的实际尺寸。只有线路改好后，腻子工才可以接下去封墙、刮腻子。

3. 木工活儿尺寸

当木工基础做完之后，我们就可以进行第三次验收工作，此时房间内的吊顶和石膏线也都应该施工完毕，厨房和卫生间的墙面砖也已贴好，同时需要粉刷的墙面应刮完两遍腻子。这个阶段的验收工作非常重要，我们应仔细核对图纸，确认各部位的尺寸，如发现不符的地方，要及时提示施工队修改。

4. 木工活儿质量

接下来的就是第四个阶段的验收了，应在细木制品的饰面板贴好、木线粘钉完毕后进行，这个时间基本处于工期过半的时候，这个阶段的检查要偏重于木制品的色差和纹理以及大面积的平整度和缝隙是否均匀。

再验收木制品时，可以看到的是木制品完工后，油工就开始进行底漆处理工作，同时所有地砖也应该在这个阶段内贴完，这是分阶段验收中的第五个阶段。

5. 完工后

彻底完工后，就进行最后一个阶段中的验收工作，这时的验收内容就非常全面并且很彻底。我们要检查踢脚板、洁具和五金的安装情况，木制品的面漆是否到位，墙面、顶面的涂料是否均匀，电工安装好的面板及灯具位置是否合适，线路连接是否正确。另外，我们应要求施工队将房间彻底清扫干净后方可撤场。

要想进行家装，要想避免日后入住无任何施工方面的问题出现，那么验收工程是不可马虎的，从材料的进场到水电、油漆、泥工、木工等每一道工序的完工，都离不开验收，甚至到装修完毕以后，还要对室内空气质量进行验收。

家装验收的细节问题

在家庭居室装饰工程质量验收标准中，我们很容易忽略一些条款。在做家庭装修验收时，特别要注意以下这几点。

1. 电、讯线路要分离

装修中有两种线路要分离，距离不宜过近。如果两种线路距离过近，容易对讯号线产生干扰，影响使用效果。其中一种是电线，另一种是电话线、闭路电视线、网络线等讯号线。因此，《标准》中要求电线距电话线、闭路电视线不得少于50厘米。而且电气布线宜采用暗管敷设，导线在管内不应有结头和扭结，吊顶内不允许有明露导线，严禁将导线直接埋入抹灰层内。在工程竣工时应向用户提供电气竣工简图，标明导线规格及暗管走向。

2. 管道要注意防锈

对于金属管道，明管刷防锈涂料，暗管刷防腐漆。管道安装应横平竖直、铺设牢固，坡度符合要求，阀门、龙头安装平正，使用灵活方便。目前的家庭装修中，金属管道的防锈问题往往被忽略。

3. 吊顶施工需防火

木质吊顶应进行防火处理，龙骨不得扭曲、变形，安装要牢固可靠，四周平顺。吊顶位置正确，吊杆顺直。轻型灯具可吊在主龙骨上，重量大于 3 千克的灯具或吊扇不得借用吊顶龙骨，应另设吊钩与结构连结。

4. 门窗施工留意细节

门窗的安装也要注意几点，塑料门窗使用螺钉时，必须事先钻孔，严禁直接锤击钉入；铝合金门窗应选用不锈钢或镀锌附件。

5. 水暖拆改要报批

家庭居室装饰凡涉及更改给排水管线、供暖设施及燃气设施等，必须取得房管部门的书面同意。建筑主体和承重结构变动的装饰工程，应经原设计单位书面同意，并由设计单位提出设计方案。

6. 壁纸正视不显缝

在铺贴壁纸、墙布时，各幅拼接须横平竖直，距 1.5 米正视不显拼缝。壁纸、墙布必须裱糊牢固，表面色泽一致，花纹图案吻合，不得有气泡、空鼓、裂缝、翘边、皱折、斑污和胶痕。

7. 地面防水需上墙

卫浴间、厨房等楼地面在面层下应做防水层，防水层四周与墙接触处，应向上翻起，高出地面不少于 250 毫米，地面面层流水坡向地漏，不倒泛水、不积水，24 小时蓄水试验无渗漏。

8. 地板铺设随“光”走

木地板在铺设时的方向也要注意，室内房间宜顺着光线铺设，走廊、过道宜顺行走方向铺设。木地板与墙之间应留 10 毫米的缝隙，并用踢脚板封盖。

家装验收要五看

我们在进行验收时，可采用以国家验收规范和施工合同约定的质量验收标准为依据对工程各方面进行验收，一般分为五个方面（水、电、瓦、木、油），作为业主非专业验收应注意以下几点。

1. 看水：水池、面盆、洁具、上下水管、暖气等

安装水池、面盆、洁具是否平整、牢固、顺直；上下水路管线是否顺直，紧固件是否已安装，接头有无漏水和渗水现象。

2. 看电：电源线（插座、开关、灯具）、电视、电话

检查一下电源线是否采用的是国标铜线，一般照明和插座使用 2.5 平方毫米线；厨卫间使用 4 平方毫米线，如果电源线是多股线还要进行焊锡处理后方可接在开关插座上；电视和电话信号线要和电源线保持一定的距离（不小于 250 毫米），灯具的安装要使用金属吊点，完工后要逐个试验。

3. 看瓦：瓷砖（湿贴、干贴）、石材（湿贴、干挂）

在贴瓦前，应进行预排预选工序，把规格不一的材料分成几类，分别放在不同的房间或平面，以使砖逢对齐，把个别翘角的材料作为切割材料使用，这样就能使用质量较低的材料装出较好的效果。

4. 看木：门窗、吊顶、壁柜、墙裙、暖气罩、地板

避免日后木材的变形，应选烘干的材料；木方要静面涂刷防火防腐材料后方可使用，细木工板要选用质量好且环保的材料。大面积吊顶、墙裙每平米不少于 8 个固定点，吊顶要使用金属吊点，门窗的制作要使用好些的材料以防变形。地板找平的木方要大些。

5. 看油：油漆（清油、混油）、涂料、裱糊、软包

装修最关键的是在表面，涂刷或喷漆之前一定要做好表面处理，混油先在木器表面刮平腻子灰，经打磨平整后再喷涂油漆，墙面的墙漆在涂刷前，一定要使用底漆（以隔绝墙和面漆的酸碱反应）以防墙面变色，油漆一定要选用优质材料。

隐秘工程的验收

水路改造验收要点

水路改造属于隐蔽工程（指装修完看不到的那部分工程）的一种，它是家装中最先施工的一个项目，也是家装中最容易产生隐患的项目。如果水路改造不规范，出现水路不通、接头渗漏或水管爆裂等现象，不但给自家带来生活上的不便以及造成损失，还会影响邻里，产生纠纷。因此，家装业主对水路改造进行验收时，一定要关注改造的安全性、科学性和实用性。

1. 外观检查

（1）给水管道的检查：管路接头有无密封材料，有无松动现象。如遇地面管路交叉时，支路需安装过桥，走在主路的下面，且保持整体管路的水平；检查管路弯头处有无管卡固定；整体结构是否横平竖直，冷热水出口是否正确，阀门、龙头安装是否平正，使用是否灵活方便。

（2）排水管道的检查：检查各排水口处有无水泥砂浆等杂物堵塞。

（3）重点部位的检查：看淋浴花洒出水接头的角度是否正确，以方便龙头的拆卸和安装；看坐便器给水管的预留高度与坐便器的安装是否冲突；看厨房水槽及卫生间水槽预留的冷热水管道间距与水槽是否配套。

2. 压力试验

经过外观常规检查验收之后，进行水路压力试验，只有通过测试确保不滴不渗，才能进行最后的管路覆盖工作。

（1）打压试验法：用打压机进行测试，以 0.8 兆帕的水压进行 30 分钟压力测试，如果压力指针不动，说明管路正常。如果指针有回弹，则进一步检查各处管道、接头，查看有无渗水现象。

（2）闭水试验法：这是没有打压机情况下的试验方法，试验步骤如下：关闭水表之前的进水总阀门；打开房间所有用水龙头20分钟，确保无滴水后，再关闭所有水龙头；关闭坐便器、热水器及洗衣机等有储水功能的进水开关；打开进水总阀门，20分钟后看水表有无走动，可检查是否漏水。如果有条件，还可以进行几天的闭水试验，检测管道渗漏情况。

3. 管道覆盖

当外观检查及压力试验通过之后，下一步就是管道覆盖工作。家装业主应要求施工方提供准确、细致的水路改造图，按照图纸与现场仔细核对，准确无误后可让施工队覆盖管道。在这个环节中，家装业主需关注以下几点：

（1）覆盖之前要保证开槽开孔内已做好防水处理。

（2）看冷热水管在墙体嵌入深度对贴瓷砖有无影响。

（3）检查管道填补槽是否平整，是否用水泥砂浆填补密实，严禁用石膏腻子填塞。

4. 验收交接

管路覆盖之后，水泥沙浆大约需要两天左右的时间进行凝固，业主可在两天之后进入现场最后验收，如果发现问题应要求施工方予以解决。当验收完成且无问题之后，业主可与施工方进行验收交接，交接内容包括填写隐蔽工程交接单和质量验收单。隐蔽工程交接单必须有详细的管路布置图，以便于下一步施工避开这些管线，防止对改造好的管线造成损坏。质量验收单应有规定的保修期限，便于日后出现问题的解决。

电路改造验收注意事项

电路改造验收是一个不容马虎的问题，特别是隐蔽在墙体内的线路，一定要做好验收的检查工作，否则出了问题，会让你狠闹心的！

1. 电线没有套绝缘管

在施工时将电线直接埋到墙内，导线没有用绝缘管套好，电线接头直接裸露在外。

存在隐患：这样非常不安全，入住后可能会因为某种原因，如电线老化而导致电线破损，造成电线短路；同时，一旦出现电线断掉的情况根本无法换线，只有砸墙敲地。

规范操作：电线铺设必须在外面加上绝缘套管，同时电路接头不要裸露在外面，应该安装在线盒内，分线盒之间不允许有接头。

2. 强弱电放置一起

把强电（如照明电线）和弱电（如电话线、网络线）放在一个管内或盒内，少铺一根管，省时省力。这是典型的偷工减料。

存在隐患：打电话、上网时会有干扰。同时一根管内穿线过多也有发生火灾的危险。

规范操作：强弱电应分开走线，严禁强弱电共用一管和一个底盒。

3. 长度不够无连接配件

因绝缘管长度不够，此处恰好为一转弯，不放置连接配件，在与接线盒交接处露出一节电线。

存在隐患：入住长时间后可能会因为线路老化而造成漏电。

规范操作：在管口和接线盒之间应该有连接件。

4. 重复布线

大量重复布线，多用材料，浪费业主的财力物力。

存在隐患：一旦线路出现问题，在有如“天罗地网”的布局中很难检测。

规范操作：周密安排，在不超过管的容量 40% 的情况下，同一走向的线可穿在一根管内，但必须把强弱电分离。

5. 线管被后续工程损坏

管线铺好后又在地上开槽，结果打穿已铺好的管线。这属于典型的野蛮施工。

存在隐患：入住后可能才会发现家中某个房间没有电，只能把家中所有的线一根根检测，重新穿线。

规范操作：在铺好管线的地方不能再次施工。如果已损坏，在换线时严禁中途接线。电路负荷较大时，穿线管内电线的接头处容易打火花而发生火灾。

6. 腻子当水泥用

有不少的工地上，施工队的错误是明知故犯的，横向开槽不说，线管布线完成后，竟用腻子粉当作水泥进行封堵线槽。这是典型的粗制滥造。

存在隐患：装修时横向开槽破坏了整楼体的承重，原设计的抗震能力降低。

规范操作：用于封堵线槽的水泥，必须与原有结构的水泥配比一致，以确保其强度。

7. 电线不分色

所有的线用了一种颜色，贪图省工。

存在隐患：一旦线路出现问题，再次检测分不清线。

规范操作：底盒接线包线布用不同颜色。火线用红色线及红色包布，零线用蓝、绿、黑色，接地线用黄、绿、蓝线，应用同种颜色包线布包扎。

地板基层处理验收秘籍

地板基层处理的好坏与地面装修效果有着极大的关系。无论是木地板、塑料地板还是地砖，它们对地面基层的要求都是平整、结实、有足够强度且表面干燥，不过不同的情况施工方面可能会存在一定的差异。

1. 实木地板基层验收

在实木地板面层铺装以前，应先验收地板基层的铺装。对基层的基本要求是五个关键词，下面逐一进行简单阐述。

（1）清洁。无尘土，无明显施工废弃物。

（2）干燥。所有木地板运到安装现场后，应拆包在室内存放一个星期以上，使木地板与居室温度、湿度相适应后才能使用。

（3）平整。在施工时，应用两米靠尺（水平尺）对龙骨表面找平，如果不平，应垫木进行调整，保证水平误差小于 5 毫米。

（4）牢固。基层材料必须是优质合格产品，龙骨应使用松木、杉木等不易变形的树种，基层施工完成后不允许有松动。

（5）环保。严禁在基层使用有严重污染的物质，如沥青、苯酚等。

2. 复合地板基层验收

铺设复合地板的基层同样要求清洁、干燥、平整。

复合地板安装方便，基层也有两种做法：一种先做找平层，然后铺设 PVC 垫层，之后铺设复合地板；另一种在水泥找平层上，铺设木龙骨和毛地板，再铺复合地板。

有时候，装饰公司会提议做基层，说是这样脚感会比较好。的确如此，不过相应也要增加不少工程款，业主自己考虑是否必要。

新购买的商品房，一般情况下基本不存在地平方面的问题，复合地板多数不需要打龙骨，如果业主想脚感好的话可以考虑选择加静音垫的地板。

不同工种的验收

瓦工的验收要点

瓦工工程施工规范相对来说比较复杂，因此业主没有必要花大量时间去学习，只需要掌握一些基本的质量验收要点即可。以下将按照施工流程，对水泥砂浆工程、防水工程、墙地砖铺贴工程的施工及验收要点，进行逐一阐述并做简要分析。

1. 水泥砂浆工程

家庭装修的瓦工工程中，水泥砂浆抹灰作业会出现脱层、空鼓、爆灰、裂缝等问题，现将问题原因及防治方法表述如下。

（1）脱层。原因：在于底层灰层过干。防治方法：除按规范要求施工外，如发现底层已干，应用清水进行润湿，待底层湿润透后再抹面层。

（2）空鼓。原因：基层处理不干净或有凹处，或者是一次抹灰太厚。防治办法：抹灰前应将基层清扫干净，并提前两至三天开始向墙面浇水，渗水深度达 10 毫米后方可施工，有深凹处，应提前补平砂浆。

（3）爆灰。原因：材料质量不好，里面有泥土或其他杂质。防治方法：施工前应仔细检查材料质量，砂子要经细筛筛选之后方可使用。

（4）裂缝。原因：抹灰层过厚。防治方法：如果抹灰面很厚，施工中应先垫底层，或在底灰抹好后喷防裂剂进行处理。

工程施工过程中，业主若发现存在上述问题，可以要求施工人进行返工和修复。修复时，必须将脱层、空鼓、爆灰以及裂缝部分清除干净，然后再按规范要求进行局部的抹灰操作。

2. 防水工程

家庭装修中，防水工程的重要性无论怎么强调都不为过，可谓重中之重。业主由于时间原因，不可能亲自到场、全程监督，但是如果业主能把握住以下几个关键点，一般不会出大的问题。

（1）地面、墙体及水电管线隐蔽工程完毕，并经业主验收合格后，才可以进行防水工程施工。

（2）在做防水工程前，基层表面必须平整、清洁，并且不得有松动、空鼓、潮湿、起砂、开裂等情况。

（3）保证防水材料质量合格，并且具有产品合格证书。

（4）卫生间防水层地面要做，四周墙面也要做，墙面防水一般做到距离地面 30 厘米高处。浴室冲淋房墙面的防水层高度需至少做到 1.8 米。

（5）地面防水工程应做蓄水测试，蓄水时间不少于 12 小时。

3. 墙地砖铺贴工程

墙地砖铺贴看似简单，只要慢慢贴、对对齐就行了，实际上并非如此，还是有一些问题需要特别注意的，现将这些问题表述如下。

（1）严禁在预铺地板的地面上拌水泥砂浆。

（2）年代较久的房屋，卫生间贴地砖前应进行不少于 24 小时的浸水测试。

（3）釉面砖粘贴前应浸水 2 小时并阴干。

（4）先进行预排，然后再铺贴，保证门口处为整砖，非整砖排在不显眼的地方。

（5）除管线排设的地方之外，必须保证地砖没有空鼓现象。

（6）砖缝均匀、对角无高低、无错位，偏差一般不超过 1 毫米。

（7）地板与地砖铺设交接处应进行防水层隔离。

（8）地漏处地砖坡度降低，必须保证地漏周边无积水现象。

（9）墙地砖贴好后，及时剔除砖缝灰浆，然后再用白水泥或专用填缝剂填缝。

木工验收要点

木工工程是家庭装修工程的主要部分，装饰公司施工水平的高低也主要体现在木工的手艺上。空间造型、艺术效果、实用功能等，也主要是通过木工活展现出来的。因此木工工程施工质量的好坏，直接影响到整个工程的最终效果。

木工工程验收时，业主主要掌握以下“五看”。

1. 看缝隙

一般来说，房门距边框的间隙为 2 毫米，房门距地板应留有 6 毫米缝隙、厨卫门与地面留有至少 8 毫米缝隙。

施工中需要预先知道地板的厚度以及地面的高度，然后进行仔细计算。否则，要么是缝隙留大了不隔音，要么是缝隙留小了要锯门，这都会严重影响装修的质量。

2. 看结构

看构造是否横平竖直，无论水平方向还是垂直方向。尤其是仔细检查木工打的衣橱，每一个角都要测量是否为直角，用尺子量对角线，看看是否有误差。因为现在很多业主选择衣橱安装移门，如果衣橱打得不规范，在今后安装移门的时候就会出现误差，将很难处理。

3. 看五金

每一个抽屉都要检查是否开启灵活、没有异声，最好是里面放些东西进行测试，这样更真实。移门要看打开、闭合是否轻松，衣橱的移门还要注意打开后是否会影响里面抽屉的开启。另外，要检查每一扇门的铰链，看是否牢固可靠。

4. 看平整

木工项目表面应保证平整和光滑，没有起鼓或破缺。

5. 看弧度

弧度与圆度应顺畅、圆滑。另外要确保多个同样造型的对称性、一致性。

除上述验收要点之外，业主还需要关注以下问题：

（1）木制品所用主材、辅料及配件的品牌、质量、等级等必须符合有关技术标准和合同约定。

（2）实木线条收边后不能立即收口，要等一定时间让实木线条充分收缩，通常夏天须收缩 3 天以上、冬天须收缩 6 天以上。

（3）厨房和卫生间门套下底需与瓷砖或大理石过桥间隔 1 厘米，以防止日后门套从地面吸水膨胀变形。

（4）木制品完成后，应尽快涂刷底漆，以防污染和受潮变形。另外，对下面施工中易碰撞的部位应及时进行保护，防止磕碰、划伤。

（5）家具工程饰面均应磨砂处理，保证表面光滑。

油漆工验收要点

油漆工程虽然属于装饰工程，但它的质量优劣直接影响到美观，并且在一定程度上也影响到使用寿命。

油漆工程受多种因素影响，常见的质量缺陷有流坠、刷纹、皱纹、针孔、失光、涂膜粗糙等。

（1）流坠：主要原因是涂料黏度过低，油刷蘸油过多或喷嘴口径太大，或是稀释剂选用不当。在施工中涂料的黏度要稠稀合理，每遍涂刷厚度要控制。油刷蘸油时要勤蘸，每次少蘸、勤顺，特别是凹槽处及造型细微处，要及时刷平，注意施工现场的通风。修理时应等待漆膜干透后，用细砂纸将漆膜打磨平滑后，再涂刷一遍面漆。

（2）刷纹：主要原因是涂料黏度过大，涂刷时未顺木纹方向顺刷，使用油刷过小、刷毛过硬及刷毛不齐所致。施工时应选择配套的稀释剂和质量好的毛刷，涂料黏度调整适宜。修理时，用水砂纸轻轻打磨漆面，使漆面平整后再涂刷一遍面漆。

（3）皱纹：主要是由于涂刷时或涂刷后，漆膜遇高温或太阳暴晒，表层干燥收缩而里层未干，也可能是漆膜过厚。施工中应避免在高温及日光暴晒条件下操作，根据气温变化，可适当加入稀释剂，每次漆刷得要薄。出现皱纹后，应待漆膜干透后用砂纸打磨，重新涂刷。

（4）针孔：主要原因是涂料黏度大，施工现场温度过低，涂料有气泡，涂料中有杂质。应根据气候条件购买适用的清漆，避免在低温、大风天施工。清漆黏度不宜过大，加入稀释剂搅拌后应停一段时间再用。

（5）失光：主要原因是施工时空气湿度过大，涂料未干时遇烟熏，基层处理油污不彻底。施工中应避免阴雨、严寒及潮湿环境，现场严禁烟尘，基层处理时要彻底清除油污。出现失光，可用远红外线照射，或薄涂一层加有防潮剂的涂料。

（6）漆膜粗糙：主要原因是油漆质量差，施工环境中灰尘大，工具不清洁。除按规范要求施工外，应选择质量较好的清漆。修复时，可用砂纸将漆膜打磨光滑，然后再涂刷一遍面层清漆。

下面将油漆工程分为木质制品油漆工程和墙面乳胶漆工程两部分，分别对其质量检查和验收方法进行总结。为保证家庭装修工程质量，建议业主对照要点依次验收。

1. 木质制品油漆工程

（1）检查工程所用材料是否与合同预算所指的品牌、等级相符，是否符合选定的样品要求。

（2）油漆前先检查基层表面，保证地板、门、门窗套、家具等表面洁净。

（3）整个漆面无皱皮、无漏刷、不露底，无明显色差、手感光滑。

（4）整个漆面无反色、疙瘩、气泡、针眼孔等现象。

（5）橱柜抽屉内应涂刷一遍封底油漆和一遍清漆。

（6）毛地板的油漆应根据用户的要求，做出高光、亚光的效果。涂刷清漆一般不得少于 3 遍。

（7）油漆表面平整光滑、木纹清晰，钉眼需刮平并上色。

（8）油漆工程应待施工完成并干燥后，方可进行验收。

2. 墙面乳胶漆工程

（1）年代较久的墙体须做铲除抹灰和涂刷胶水处理。

（2）批刮前先检查原有的墙体抹灰层是否有空鼓、掉粉。

（3）梅雨季节湿度太高时不做油漆。

（4）乳胶漆涂刷或喷涂前，须对木制品（地板、门套等）进行遮挡处理。

（5）前道批涂干透后，方可进行下道工序的施工。

（6）乳胶漆在一米距离来看，应不见扫痕，不见色差。

（7）油漆工程应待表面结成牢固的漆膜后，方可进行验收。

第六章

软装饰：最能彰显个性

家庭装修分为两大部分，即前期的“硬装修”和后期的“软装饰”。后期的“软装饰”通常是在装修完毕之后，利用那些易更换、易变动位置的饰物与家具，如窗帘、装饰画、靠垫、工艺台布、仿真花及装饰工艺品、地毯、工艺摆件等，对室内的二度陈设与布置。与“硬装修”相比起来，“软装饰”更加能体现主人的个性特色。

家居装饰，锦上添花

“简装修，精装饰”——家装流行新趋势

都市人家装，心思大多集中在“硬件”上，如大面积吊顶、包门、包窗，购置高档材料，安插大量射灯，堆砌豪华家具，甚至连贴面板的选择都是惊人的一致。远离温馨和舒适，只展示流行，忽略了个性，结果花费了大量的财力和精力，最终还是流于大众化，也经不起时间的考验。

于是，越来越多的人开始追求装修的简单化，加上个性化和艺术感强烈的装饰品，以满足求新求变的需要。有一位在广告公司供职的设计员把房间装修得很简单：地板是最便宜的杉木地板，上了清水漆；阳台封了，地面是可以用湿拖把拖的瓷砖地；门窗都是老样子，5扇可以统统向外打开的钢窗，带来更多的鸟语和氧气；天花板和墙面一无所饰，就是“一马平川”的雪白样子。但在她的两居室里，却不见一丝得过且过的寒酸——她从小喜欢的小框油画、陶器、布艺、鲜花和干花素材、珐琅杯和式样奇特的咖啡壶，还有地板上的小块比利时可机洗地毯，把这一空间特有的生气烘托得恰到好处。

简装修，精装饰，用装饰品替代装修材料，预留了功能变更的余地，给自己留下更多发挥的空间，使家居充满新鲜感。

由于装修手法和材料的选用随着社会发展有其流行趋势，跟着流行

走就难以找到自己的感觉。相信大多数人住了两三年后，厌腻之感顿生，以软装饰为主的家居却很轻易地避开了这一遗憾：装修越简单，越有可能使家居常新。

现代装修的突出特征在于，一味将生活中裸露在外的细节遮蔽起来，尽量把家打扮成一个整装待发的“大客厅”，仿佛时刻准备迎接外人的检阅。被七橱八柜占满的厨房就是一个典型的例子。厨房的柜橱之多，使得一些新迁入的家庭只有给柜子编上号码，才能分得清哪个柜子放些什么。

其实，当过主妇的人都知道，刀具、剪子、汤勺、锅、铲等家什，悬挂在洗手池的上方，比藏入橱柜要顺手得多；而一些艺术化的瓷盘，能挂在墙上，远比放入那些吊柜更物尽其用。硬装修遮蔽了所有“生活的痕迹”显然是不明智的行为，因为家不是供人参观的，而是供家人生活的。这方面，如果采用“软装饰”就能弥补它的不足。

不同区域的软装要点

在家庭装修中，不同空间在装修美化时有着不同的要求。选择正确的方法才能更好地美化家居空间。

1. 门厅

美化门厅的空间其实并不难，一帧放大的照片、一幅画、一件艺术品、一盆花，都能够产生美好的效果和情趣；色彩和灯光是美化门厅效果的重要因素，在门厅内安置灯光，一般采用光线柔和的壁灯和吸顶灯，所调节的光线应给人一种温暖亲切的感觉。

门厅若是比较窄小，主调颜色应以偏冷清色为宜，这样可使空间显得宽敞些。

2. 客厅

在客厅里，可以适当摆放一些花，我们可以多多选择那些姿态万千和花繁色艳的花卉在朝阳和明亮的地方，可多放一些观果、观花类植物；对于观叶类植物，则应放在墙角处。

客厅里的灯具是十分重要的，它的造型不仅要考虑美观、大方，还要注意风格与整个房间摆设、色调的统一和谐；客厅的灯光色调宜“热”、宜柔，使室内形成温暖柔和的气氛。客厅灯具宜用庄重、明亮的吊灯或吸顶灯；光线不宜太强，也不可太弱；倘若客厅面积较大，还可在墙壁上装配一对壁灯，高度在1.8米左右；在沙发中间的茶几后面，可置一盏立地式落地灯，高度在1.6米左右，沙发对面不宜安装灯具，以免光线直射入眼。

3. 走廊墙壁

对于走廊的装饰，我们可是不能忽视的，它是反映我们居室装饰与文明环境的一面镜子，是我们居室的第一道空间。走廊装饰的主要形式在于墙饰，因此要尽可能把握“占天不占地”的原则，如可在走廊一侧墙面做成一排玻璃吊柜。吊柜空余出来的墙面可挂上几幅金属镜框风景画，更能增添出这一空间静雅文明的气氛。

有些家庭的走廊墙面是壁龛式的，这种墙面极富有传统文化的典雅美，如果我们居室内陈设的家具是仿红木的，那么就可以把走廊墙做成壁龛，壁龛架板上通常摆放实用性与装饰性的物品。

4. 餐厅

我们若是以餐厅为中心进行居室布置，那以可以选购一张比较大的餐桌，这个餐桌除了用作进餐外，还可以兼做书桌用。通常来说，客厅区摆设1 ~ 2张躺椅，已经足够，这样可以保证面积宽敞，不显得拥挤。

至于餐椅的选择，我们既可选择那些普通式样的，也可以选择折叠式的；餐椅可多购置几把，以备客人来时用。

5. 卧室

卧室墙面。美化我们的卧室墙面其实是十分容易的，因可点缀在它上面的物品是极其多的，不但包括油画、水彩画、国画、书法、摄影、小型浮雕等艺术品，还包括编织、刺绣、蜡染、布贴等壁挂工艺品；在布置这些装饰品时，应谨慎地选择适当数量，不宜过多、过杂，要注意发挥在材质、色彩上的点睛作用，更要讲究构图关系，推敲挂置的艺术品、工艺品所占面积与空间的比例，并注意留有适当的空白；要精心安排悬挂的位置，注意与家具间的均衡效果，倘若家具的组合是对称形式，则装饰品可采用不对称的手法来布置，反之，倘若家具是不对称的形式，则装饰品的悬挂位置可采取对称的方式来布置。

卧室布饰。卧室中的布饰包括床罩、床单、窗帘及各种功能的台布、帷幔等，这些布饰不仅具有防尘、防污和防磨损的保护作用，而且对室内空间的大小、艺术效果的创造起着不小的作用，故这些覆盖用的织物色彩和纹样装饰要与室内的整体色彩相和谐。我们在选择布饰美化我们的卧室时，要十分注重它们的色彩。通常来说，颜色宜浅不宜深，花色宜简不宜繁；窗帘的色彩和图案，在力求与卧室相协调的基础上可自由选择，但一般要求质料高档些，厚薄相宜。还要注意小房间选用的床罩，不宜用过大的图案，色彩以柔和淡雅为宜，大卧室可选用色彩较艳丽的床罩；卧室中使用的桌子、五斗橱、茶几等均可布置台饰。

6. 厨房

在设计厨房软装方案时，应该根据厨房的面积、使用的灶具、锅碗等餐具器皿实际情况，以及水龙头的位置来进行。

厨房内的水池通常应该设置在一角，烹调台（桌）则应布置在水池与灶具之间，灶具宜放置在避免风直吹的地方。碗橱等应采用多用橱、悬挂柜，这样占地面积小，贮存的器具和食品又多，且使厨房整齐方便。

厨房里，那些接近煤气灶以及洗涤池周围的墙壁，最好用瓷砖贴面，以利于保持清洁，擦拭方便。

厨房的灯具，最好选用吸顶灯，它不但便于清洗污垢，还可避免因灯头受潮而发生漏电事故。

7. 卫生间

卫生间里的墙面和地面色彩一定要相匹配，只有这样才能使整个卫生间感觉协调舒适。通常来说，卫生间的洁具有三大件，即坐便器、盥洗盆、浴缸，它们的色彩选择必须一致；通常白色的洁具和瓷砖使人清心舒畅，象牙黄色显得富贵高雅，湖蓝色自然宁静，浅红色则给人浪漫、含蓄、温馨之感；卫生间以这三大洁具为主色调。

用彩色瓷砖来美化卫生间是一个很不错的选择，因为瓷砖不仅能够防止水直接溅在墙上，还是一种美化卫生间的实用性装饰材料，可使浴室显出温馨幽雅的格调；当今在比较讲究的浴室设计中，较多利用彩色瓷砖创造墙面的图案，给人一种很强的立体感觉，只要较好地选择瓷砖的色彩，设计好组合排列图案，都能获得较好的艺术效果。

我们可以在卫生间的盥洗盆上方装一面镜子，在冷光源的漫射下，能增添人们心理上的舒适感和美的享受。此外，卫生间里的毛巾、窗帘、浴巾等装饰，也应讲究协调统一。

软装饰，也应适可而止

装修的目的是让家里的人可以得到放松，回到家就把白天一切的劳累与不愉快全部都忘掉。既然这样，在家里装饰的时候一定要避开下面的做法，不然家里就不温馨了，甚至让人觉得特别好笑。

1. 墙上贴“围裙”

提起给墙上贴“围裙”，上世纪 80 年代不管是学校还是家里，“墙围子”是那时十分流行的一种装修，学校里一般都是用蓝色的油漆刷的；而家里就是用墙纸或是木板“装饰”在墙的 1 米以下。时过境迁，近三十年了，如果你的家里还在墙上贴“围裙”，那也太“土得掉渣”了吧！现代家庭居室一般都摆有许多家具，会遮挡大部分墙壁，所以人不大可能会接触到墙壁。素净的墙面可以随意搭配家具，或者在墙面贴上不同颜色和图案的环保壁纸，不喜欢就更换也很方便。

2. 颜色涂满墙

也就这几年吧，好好的白墙突然走了样儿，五颜六色、五彩缤纷的，只要你能想到的颜色全部都可以刷在墙上，可是你别忘了，更多绚丽的色彩出现在房间里面，强烈刺激的颜色天天出现在眼前，时间久了会造成视觉疲劳，也会引起神经压抑。虽然黑色＋白色的搭配方式已经不是现代人装修时唯一的选择，但这并不意味着可以随意在墙上涂抹色彩。家是一个让人放松心情的地方，所以最好把墙的颜色调淡一些，有利于健康。

3. 铁艺随处见

纯属欧洲的产物，皇家贵族十六七世纪的盛行之物，可是现在都是什么年代了，几百年的流行趋势还没有变吗？更不需要满屋子都是铁艺，家里又不是铁艺商店。

4. 格子哪都是

墙上做格子的风格应该是从中国皇宫里流传出来的吧！不过，皇宫里面宝贝多，没地方搁才会打造了许多格子，来放这些宝贝。家里的宝贝要是真多的话，也没必要做皇宫的“百宝阁”，一是并不适用，二是打扫起来十分不方便。

5. 地砖像拼图

地砖已经成了家里不可缺少的一部分，不过提醒你别用得太多，拼接缝儿一多，视觉上就觉得乱，清洁上也很有难度，所以，大方点，弄点儿大块的地砖，美观实用。

6. 门厅像画廊

画展大家应该都知道是什么样儿吧，你把家里的门厅弄得和画廊似的，看起来一点都不舒服，也没有家里温暖的感觉，不是吗？

7. 壁柜做满墙

壁柜做满的方法在大约十年前非常流行。但随着装修越来越简约化，这种做法在现代家庭的装修过程中已经很少应用。另外，由于做壁柜要使用大量的板材和胶、漆类产品，因此环保方面很难保证，建议业主尽量少用。

8. 窗帘盒到处见

几年前流行使用窗帘轨。窗帘盒是与窗帘轨配套使用的，目的是挡住不美观的帘轨。但由于拆卸繁琐、不易打理、表面容易开裂，窗帘轨质量相对不稳定等各种原因，窗帘盒越来越不受欢迎，被窗帘杆所取代。窗帘杆平时易于打理，维修起来也很方便，加上窗帘杆本身就具有一定的装饰作用，是目前装修时不错的选择。

9. 板子包窗口

现代家装中已经很少包窗口，普通窗口讲究自然，无需刻意包装。普通的窗口刮大白就可以了，不需要太多装饰。如果是飘窗，则要根据业主的实际生活需求选择是否用板子包窗口。如果是客厅与阳台的间隔部分，完全可以不包，即使包，也不能全包。

家居配色十大禁忌

每个人都有自己中意的颜色，这导致在家居装饰主色调的选择上都不尽相同。但是，装饰除了体现个人喜好之外，还要考虑美观、健康等问题。那么，应该如何搭配色调，装饰出靓丽又舒适的房间呢?

1. 不要用蓝色装饰餐厅

蓝色，是一种容易令人产生遐想的色彩。传统的蓝色在现代装饰设计中常常给人一种热带风情的感觉。蓝色还具有调节神经、镇静安神的作用。蓝色清新淡雅，虽然与各种水果相配也很养眼，但不宜用在餐厅或是厨房等地方。蓝色的餐桌或餐垫上的食物，总是不如暖色环境看着有食欲。科学实验证明，蓝色灯光会让食物看起来不诱人，所以不要在餐厅内装白炽灯或蓝色的情调灯。

2. 不要黑白等比

黑白配的房间是一些时尚人士的首选，因为很有现代感。但如果在房间内把黑白等比使用就显得太过花哨了，长时间在这种环境里，会使人眼花缭乱，紧张、烦躁，让人无所适从。最好以白色为主，局部以其他色彩为点缀，这样不仅使空间变得舒畅明亮，更能增加品位与趣味。

3. 紫色会带来空间压抑感

紫色总给人无限浪漫的联想，追求时尚的人往往推崇紫色。但大面积的紫色会使空间整体色调变深，从而产生压抑感。建议不要在欢快气氛浓厚的居室内或孩子的房间中使用，那样会使得身在其中的人有一种无奈的感觉。如果真的很喜欢，可以在卧室的一角、卫浴间的帷帘等居室的局部作为装饰亮点。

4. 粉红色会给人带来烦躁的情绪

大量使用粉红色容易使人心情烦躁。有的新婚夫妇为了调节新居气氛，喜欢用粉红色制造浪漫。但是，浓重的粉红色会让人精神一直处于亢奋状态，过一段时间后，居住其中的人心中会产生莫名其妙的心火，引起烦躁情绪。建议用粉红色来点缀居室即可，或者稀释它的浓度，淡淡的粉红色墙壁或壁纸能让房间变得温馨起来。

5. 红色不能长时间作为空间主色调

从古至今，中国人认为红色是吉祥色，红色还是充满燃烧力量的代名词，具有热情、奔放的含义。新婚的喜房就都是满眼红彤彤的，但居室内红色过多会让眼睛负担过重，产生头晕目眩的感觉，即使是新婚，也不能长时间让房间处于红色的主调下。建议把红色用在窗帘、床品等软装饰上，如果能用淡淡的米色或清新的白色搭配，更能突出红色的喜庆气氛，也可以使人神清气爽。

6. 不要用单一的金色装饰房间

金色熠熠生辉，凸显了个性的大胆和张扬，在简洁的白色衬映下，会营造一种干净的视觉效果。但金色是最容易反射光线的颜色之一，金光闪闪的环境容易使人神经高度紧张，不易放松而且对人的视线伤害最大。建议避免大面积使用单一的金色装饰房间，可以将金色作为壁纸、软帘上的装饰色。在卫生间的墙面上，也可以使用金色的马赛克搭配清冷的白色或不锈钢。或者在角落里摆放些绿色的小盆栽，使房间里充满情趣，更能让居室的环境具有亲和力。

7. 橙色会影响睡眠质量

橙色，是生气勃勃、充满活力的颜色，是象征收获的色彩。然而将它用在卧室则不利于睡眠，因为橙色不容易使人安静下来。但是，如果将橙色用在客厅，则会营造欢快的气氛。同时，橙色很容易诱发食欲，所以也是装点餐厅的理想色彩。追求时尚的年轻人可以大胆尝试将橙色和巧克力色或米黄色搭配在一起的巧妙的色彩组合。

8. 书房不宜使用黄色

黄色这个色系正在趋向流行，它可爱而成熟，文雅而自然。水果黄带着温柔的特性；牛油黄散发着原动力；金黄色带来温暖。黄色还具有稳定情绪、增进食欲的作用。但是长时间接触高纯度黄色，会让人有一种慵懒的感觉，黄色最不适宜用在书房，它会减慢思考的速度。建议在客厅与餐厅适量点缀一些黄色的装饰就可以了。

9. 不应大面积运用黑色

黑色，在五行中属水，是相当沉寂的色彩，所以一般没有人会用黑色装饰卧室墙面。更多的人选择将其用在卫生间，但也要讲究搭配比例。建议在大面积的黑色当中点缀适当的金色，营造一种既沉稳又奢华的感觉；而黑色与白色的搭配更是永恒的经典；黑色与红色搭配能营造一种浓烈火热的气氛，如果使用纯度较高的红色点缀，还能使饰品显得神秘而高贵。

10. 咖啡色不是餐厅和儿童房的理想色彩

咖啡色属于中性暖色色调，它摈弃了黄金色调的俗气或象牙白的单调和平庸，优雅、朴素、庄重。然而，咖啡色本身是一种比较含蓄的颜色，用在餐厅会使餐厅气氛沉闷而忧郁，影响进餐质量；而它暗沉的颜色会使孩子性格忧郁，所以也不宜用在儿童房间内；还要切记，咖啡色不适宜搭配黑色。为了避免沉闷，可以用白色、灰色或米色等作为咖啡色的填补色，用于客厅，咖啡色就能轻易发挥出属于它的光彩。

灯饰，点亮生活

灯饰选购六原则

过去在家庭装修中不太注意灯光的装饰效果，都是一屋一灯或一室一光、单调乏味，只起到一般照明的作用。现在人们生活水平普遍提高了，家庭装修中比较注重灯光设计，除了一般照明外，主要是利用灯具装饰，用灯光美化居室空间，优化温馨的家庭生活。为此，家居灯饰要根据整体空间进行艺术构思，以确定灯具的布局形式、光源类型、灯的样式及配光方式等，通过精心设计，使家居灯饰做到客厅明朗化、卧室幽静化、书房目标化、装饰物重点化，造成雕刻空间的效果。

1. 简约原则

灯饰在房间中应起到画龙点睛的作用。过于复杂的造型、过于繁杂的花色，均不适宜设计简洁的房间。当然最主要的是同你的家居装修相搭配，现在都提倡和谐嘛！有相应的照明工程设计师，可以更好地给你的新家设计方案，让你既省时间，又有好的家居灯饰效果。

2. 方便原则

大部分人都经历过更换吸顶灯灯泡的尴尬：踩着桌子、踏着椅子、昂首 90°，抬双臂过头到 2.5 米高甚至更高的顶棚。选择灯具时，一定要考虑更换灯泡方便。

3. 节能原则

节能灯泡节电、照明度又好，也不会散发过多热量，适用于多头灯具。节能灯泡大都是标准螺口，而吊灯有两种口径，一种是标准的，可以使用节能灯泡；一种是非标准的，不能使用节能灯泡。选择灯具时要注意：射灯大都是非节能产品。今后的流行趋势是 LED 光源。

4. 安全原则

一定要选择正规厂家的灯具。正规产品都标有总负荷，根据总负荷，可以确定使用多少瓦数的灯泡，尤其对于多头吊灯最为重要，即头数 × 每只灯泡的瓦数 = 总负荷。另外潮气大的卫生间、厨房应选用防水灯具。

5. 功能原则

不同使用功能的房间，应安装不同款式、不同照明度的灯饰。客厅应该选用明亮、富丽的灯具；卧室应选用使人躺在床上的时候不觉刺眼的灯具；儿童房应选用色彩华丽、款式富于变化的灯具；卫生间应选用式样简洁的防水灯具；厨房应选择便于清洁的灯具；某些需要特殊表现的地方也可选择射灯。

6. 协调原则

装饰性灯饰与房间的整体风格要协调，而同一房间的多种灯具，应保持色彩协调或款式协调。例如，木墙、木柜、木顶的长方形阳台，适合装长方形木制灯；配有铁艺表、铁管玻璃餐桌椅的长方形门厅，适合装长方形铁管材质的吊灯；装有金色柜门把手、金色射灯的卧室，适合带有金色装饰的灯。

家居灯饰巧布置

作为无声的居室装饰语言，灯饰是传情达意、营造气氛的最佳工具。一个高明的家居布置者常常能以外形美观、光照效果得体的灯饰为家居环境画龙点睛。相反，不谙此道的人则往往抱怨从专卖店高价购得的家具置于家中却效果大减。其实1加1大于2还是小于2，全看你对灯饰的实用性和艺术性的把握了。灯饰是房间的点睛品，但不同的房间需要不同风格的灯饰点缀。那在不同的空间应该怎样选择灯饰呢？

1.“灯”堂入室——门厅区灯饰

门厅是进门后的第一个关口，这里的光照最能影响我们进入居室的情绪基调，亦是体现室内装修整体水准的第一印象处。除非是进入夜总会或酒吧，人们不会期待一进门便是昏暗的灯光相迎，所以在进门处可采用广泛照明的吸顶灯或较亮的壁灯，显出热情愉悦的气氛。门厅灯具的规格、风格则应与客厅配套。

2.灯映华堂——客厅照明

因为客厅是最具有开放性和功能多样性的空间，家人团聚、亲友来访、日常休憩都在此进行，所以客厅中的灯具的造型以及色彩都必须与整个客厅的布局一致，灯饰的布光要明快，气氛要浓厚，能给客人“宾至如归”的感觉。理想的设计是：灯饰的数量与亮度都有可调性，使家庭风格充分展现出来。

通常来说，客厅里都是用一盏大方明亮的吊灯或吸顶灯作为主灯，然后搭配其他多种辅助灯饰，如壁灯、筒灯、射灯等。就主灯饰而言，如果客厅层高超过 3.5 米以上，可选用档次高、规格尺寸稍大一点的吊灯或吸顶灯；若层高在 3 米左右，宜用中档豪华型吊灯；层高在 2.5 米以下的，宜用中档装饰性吸顶灯或不用主灯。对于辅助灯饰，可以在客厅里的电视机旁放一盏低照度的灯，这样可以减弱厅内明暗反差，有利保护视力。另外，还可用独立的台灯或落地灯放在沙发的一端，让不直接的灯光散射于整个起坐区，用于交谈或浏览书报。也可在墙壁适当位置安放造型别致的壁灯，能使壁上生辉。若有壁画、陈列柜等，可设置隐形射灯加以点缀。

3. 灯暖人心——餐厅灯饰

对于每个家庭来说，餐桌可谓是餐厅灯光装饰的焦点了。此处的灯饰一般可用垂悬的吊灯。为了达到效果，吊灯不能安装太高，在用餐者的视平线上即可。长方形的餐桌，则安装两盏吊灯或长的椭圆形吊灯，吊灯要有光的明暗调节器与可升降功能，以便适用于不同的需要。如中餐讲究色、香、味、形，往往需要明亮一些的暖色调，而享用西餐时，如果光线稍暗柔和一些，则可营造浪漫情调。餐厅的天花板和四壁都要有充足的光线，可采用射灯或壁灯辅助照明，否则会影响食欲。

4. 灯光梦影——卧室照明

卧室是我们睡觉休息的地方，光线不能够有刺眼的感觉，应该比较柔和，使人容易进入睡眠状态。我们可以选择光线不强的吸顶灯为基本照明，安置在天棚中间，墙上和梳妆镜旁可装壁灯，床头配床头灯。除了常见的台灯之外，底座固定在床靠板上可调灯头角度的现代金属灯，美观又实用。在卧室照明中，还有一个值得考虑的灯光设置，就是安装在床头柜下床脚位置的“路灯”，这样半夜起床就不影响家人的睡眠。

5. 明灯静观屋——书房照明

书房的环境应该是既文雅幽静，又简洁明快。因此对于一室多用的“书房”，宜用可将光线集中投到桌面上的半封闭、不透明的金属工作灯，既满足作业平面的需要，又不影响室内其他活动。若是在座椅、沙发上阅读时，最好采用可调节方向和高度的落地灯，或在书桌前方装设亮度较高又不刺眼的台灯，光线最好从左肩上端照射。专用于书房的台灯，宜采用艺术台灯，如旋壁式台灯或调光艺术台灯，使光线直接照射在书桌上。书柜上一般不需全面用光，为检索方便可设隐形灯。

6. 水月灯花——卫生间照明

通常的浴室、洗盥间和厕所是融为一体的，这样一来，尽管面积小，但功能多。可此处给人的感觉是湿气大又昏暗，故多数人喜欢浴室有明亮的灯光。但入浴又是享受宁静的时候，希望灯光柔和，所以有调节亮度的灯饰最适合于浴室。浴室照明可安装吊灯或日光灯于半透明顶棚，或安装浴霸，既照明、加热又可进行换气。此外，盥洗盒上方装有镜饰时，还可在镜子的一侧或上方设一盏全封闭罩防潮灯具，以便梳理。

7. 明厨出佳肴——厨房照明

通常来说，我们在厨房中度过的时间较长，因此我们对厨房的照明要求是比较高的，灯光惬意而有吸引力，这样才能激发我们制作美食的热情。一般情况下，我们选用的灯具以防水、防油烟和易清洁为原则。还可在操作台的上方设置嵌入式或半嵌入式散光型吸顶灯，嵌入口罩以透明玻璃或透明塑料为主，这样不但顶棚简洁，还可减少灰尘、油污带来的麻烦。灶台上方一般设置抽油烟机，机罩内有隐形小白炽灯，供灶台照明。若厨房兼作餐厅，可在餐桌上方设置单罩单头升降式或单层多叉式吊灯。光源宜采用暖色光源，不宜用冷色光源。

家居灯饰使用误区

灯具在很大程度上体现了装修的格调，特别是零散的小灯具，要谨慎选用，如果一味地追求数量，会形成光污染，且达不到预期效果。一般来讲，应以主灯和辅灯相结合，同时吊灯与壁灯的设置要匹配。经常见到装饰一新的家居，灯火通明的特征倒是颇为明显，但在房间里面呆久了，会出现头晕目眩的感觉，很不舒服。这就是灯具使用不当造成的误区。

通常，使用灯具不当主要有以下几种情况。

1. 灯带形式繁多

一般家庭居住空间比较狭小，层高一般比较低矮，而灯带对高度又有一定要求，所以从高度和空间的角度说，灯带不适合用于家居装饰。此外，如果灯带过多，加上空间划分欠考虑，就会给人一种空间凌乱、层次不清的感觉，而且灯带的耗电量大，也是不适合用于家居装饰的原因。

2. 光源五颜六色

家居装饰最好不要采用色彩鲜艳的光源，特别是不要用过于繁杂的颜色。当这些五颜六色的灯光照到装饰物体上时，灯光与物体固有色的结合，可能会搭配出很难看的颜色来，会让人产生反感。而且五颜六色会破坏整个家居的温馨与和谐的气氛，使原本简洁明快为主调的家居，出现了庸俗不堪的歌舞厅的效果。这样的家居，能给人提供良好的休息与学习的环境吗？

3. 发光顶棚用作天花装饰

房屋建筑空间宽敞高大，可以在局部使用发光顶棚，从而塑造一种豪华、气派的格调。但如果家居的空间比较狭小，使用发光顶棚达不到意想的装饰效果，而且发光顶棚耗电量比较大。另外，发光顶棚比较发散的照明方式，与需要聚拢感的家居气氛也不太适合。

4. 滥用点光源

把吊顶做出几个凹凸变化的分区，再点缀上几十个射灯、筒灯，几乎成了现在家居装饰设计师在考虑家居照明设计时，最喜欢使用的手法了。射灯、筒灯在强化空间分区及重点照射某些需要重点照明的装饰部位，无疑具有积极的意义，但用得过多过滥，就会对人体造成有害的光污染。

5. 卧室灯具繁多

卧室，主要是用来休息和睡眠的房间，所以卧室灯光也不要杂乱无章，免得影响休息。一般来讲，卧室吊顶都以平顶为主，一般不适合再设置什么射灯、筒灯。通常一盏吸顶灯就够用。

6. 乱用壁灯和镜前灯

壁灯的装饰性能远胜于实用性，所以如果不是装饰别墅，最好少用壁灯。

现在镜前灯早已突破了镜子前照明的含义，随处可见的镜前灯，很多是为了照射装饰画或工艺品的。如果空间比较宽敞，同时灯光层次比较清晰，用一两个镜前灯无可厚非，但如果空间狭小且灯具已经比较多，再用镜前灯的话，那就是添乱了。

7. 节能灯让人感觉冷寂

灯光也有情感，白炽灯泡给人的感觉比较温馨，适合家居使用。但近年，因为节能的潮流，大多数的家居里的照明都是使用节能灯。通常，白光节能灯看起来很亮，照射物体都比较均匀，没有白炽灯泡那样强烈的光影效果，给人一种冷寂的感觉。所以，在选择家居照明的光源时候，一般应选暖光节能灯效果较好。

8. 选灯具只注重外形

现在灯具不仅局限在照明的作用，还要具备观赏性。但过分强调灯具的款式而忽视了灯具的照明作用，这样选出来的灯具也不理想。所以选择灯具要看照明效果，不要单凭花哨的款式而定。

布艺装饰，常换常新

小布艺，大作用

家居布艺，是我们每个人家中一道美丽的风景。不论你的居所是宽敞明亮还是空间有限，也不论你的家具是简易流行还是古典雅致，只要在布艺的选择和搭配上稍稍花上一点心思，就一定会在瞬间增添几多情调。通常来说，家居中的布艺，主要有保护、遮蔽、包容、柔化、间隔和装饰等几项基本功能。几个小小的别出心裁的布艺足以融化室内空间生硬的线条，给予你或清新自然、或典雅华丽、或情调浪漫的空间。

1. 窗帘给家居“点睛”

其实，包括窗帘灯在内的软性装修才能真正彰显艺术品位、体现家装特色。就像“眼睛是心灵的窗户”一样，窗帘是家居装饰的“点睛之笔”。窗帘的装饰性远远大于实用性，因此在挑选布艺窗帘时，时尚、漂亮应作为首选标准。随着风起风落，风情万种的窗帘成为家居生活中的“柔软风景”。

2. 睡床给人带来舒适

我们都知道，人的一生中大约有 1/3 的时间是在睡眠中度过的，那么也就是说卧室是生活中非常重要的活动空间。卧室内的装修、装饰风格对调节神经、轻松入眠很有帮助。想变换一下感觉的时候，换一套不同花色的床上用品即可发挥不可小觑的作用，或温馨浪漫，或典雅稳重的感觉立即呈现出来。

3. 靠垫激活色彩

如今，靠垫在家居生活当中已经不可缺少。它就像色彩的精灵，可以与家具相得益彰，是绝好的搭配用品。你家中如果有明清风格的家具，最好就用古典风格的靠垫来搭配，使居室风格协调统一。可以采用绸、缎、丝、麻等做材料，表面有刺绣或印花图案做装饰。时尚靠垫的表面以中式衣服的超大型盘扣为装饰，在现代风格的靠垫中悄然加入了传统的简洁，受到广泛的喜爱；家庭中如果是中式家具，可以选用印花棉布作为面料，用反差极大的单色布条做靠垫的绲边，在醒目中起到装饰的作用。

4. 地毯增添温馨

地毯可以给居室的空间增加温暖的气息，营造出安静的环境使我们的心情得到放松。一般透明的茶几下，建议选用中间有图案的块毯。客厅在 20 平方米以上的，地毯不宜小于 170 厘米 ×230 厘米，即 4 平方米。实木或大理石面的茶几下，最好选用边框形设计的块毯。较大的或没有顶头柜的床，床前毯应放在靠门的一侧或床两侧。卧室的床前、床边，均可铺放各种规格的地毯，也可在床脚压放较大规格的方毯或圆毯、椭圆形块毯。活动量低的睡房就可以选用绒毛较高、柔软的地毯。餐桌下的块毯不要小于餐桌的面积。

5. 桌布让人悦目

我们不妨也给每天习以为常的餐桌增加点颜色，让质朴中平添些许生动。其实，一块合适的桌布带给你的不仅仅是实用的遮挡的功能，更会带来意想不到的赏心悦目效果。现在的桌布大多都是棉麻质地，刺绣、轧棉、螺纹绣花等。请大家记住橙色可刺激食欲，而淡黄色铺垫书桌可刺激学习的欲望。当然，过多过浓的颜色只会增添焦躁，稳重起见，可以白色、米色的浅色系列为主打色，与任何一种颜色搭配，永远都不会错。

家居布艺装饰品的选购

布艺装饰包括窗帘、枕套、床罩、椅垫、靠垫、沙发套、台布、壁布等，它们是居室的有机组成部分。但是布艺装饰必须遵循协调的原则，饰物的色泽、质地和形状与居室整体风格应相互照应。那么如何选择家居布艺装饰品呢?

（1）布艺饰品的选择，主要是以质地、色彩、图案三个方面进行选择。我们在面料质地的选择上，要注意与布艺饰品的功能一致。比如：装饰客厅可以选择华丽优美的面料，装饰卧室可以选择流畅的面料，装饰厨房可以选择结实易洗的面料。

（2）在选择色彩时，建议大家结合家具的色彩来确定一个主色调，能够让居室整体的色彩、美感协调一致。恰到好处的布艺装饰能为家居增色，胡乱堆砌则会适得其反。

（3）我们选择壁挂、帷幔、窗帘等悬挂的布饰时，要注意其纵横尺寸、面积的大小、款式、色彩、图案等，要与居室的空间、立面尺度相匹配，在视觉上也要取得平衡感，如较大的窗户，应以宽出窗洞、长度接近地面或落地的窗帘来装饰；小空间内，要配以图案细小的布料，只有大空间才能选择大型图案的布饰，这样才保持平衡。

（4）如果是床上布艺，则一定要选择纯棉质地的布料，纯棉布料触感软且吸汗，有利于汗腺“呼吸”和人体健康，而且十分容易营造出睡眠环境。除了材质的选取应特别讲究外，色调、花型的选择上也应下功夫，不大的卧室空间宜选用色调自然且极富想象力的条纹布作装饰，会起到延伸卧室空间的效果。

（5）床罩台布、地毯、等铺陈的布饰，我们在选择时，应注意与家具的尺寸、室内地面相和谐，要维护地面和床面的稳定感。地面多采用稍深的颜色，台布和床罩应反映出与地面的大小和色彩的对比，应选择比地面的色彩明快的花纹，在对比中取得和谐。

（6）布饰要在居室的整体布置上，与其他装饰相呼应和协调。它的色彩、款式、意蕴等的表现形式，要与室内装饰格调一致。色彩浓重、花纹繁复的布饰表现力强，但较难配衬，适合豪华风格的空间；具有鲜艳色彩或简洁图案的布饰，能衬托出现代感强的空间；在具有中国古典风格的室内，最好用带有中国传统图案的织物来配衬。

（7）一定要对同一品牌、同一款式的商品货比三家，要从质量、价格、服务等方面综合考虑。而且要选择消费者满意或售后服务信得过的家居市场。

家居布艺装饰秘籍

家居装饰中，布艺往往是不可缺少的，但是布艺家居装饰也是有技巧的，要敢于创新才能让你的家居装饰与众不同。下面就给大家介绍几种家居布艺装饰的技巧，让你家的家居布艺装饰更与众不同。

1. 敢于混搭

几何、大花和条纹图案，它们其实可以在一个空间里和谐共处。只需注意不要使用体量过于庞大的几何图形，选择花卉造型相对柔和的即可。还有，将主色调控制在三种以内。突如其来的复古式艳丽大花灯罩，初看似乎有些俗气，其实是刻意留下的不羁一笔。

2. 一韵到底

如果对一种图案情有独钟，而一味简单重复使用，难免出现单调乏味的效果。可将不同颜色和尺寸的图案版本运用在一个空间内，利用丰富的层次感，制造完美的居室造型。曲线的家具和玻璃表面，会以轻柔和圆润弱化图案本身的强势视觉效果。

3. 复兴经典

动人的花鸟纹样中国风壁纸与极富现代感的多彩条纹共处一室，低调而淡定。含蓄内敛的东方底蕴因为个性张扬的点缀而更值得细细品味。

4. 视觉中心

紫色天鹅绒沙发、大幅印花图案布艺靠垫、简约的办公家具、精干的黑白条纹地毯组合，时尚、复古、现代。在突出功能的房间里，那些被艺术化的布艺图案，让人在不自觉间变得明朗而欣喜。

5. 夸张惊艳

床头板使用简单的条纹图案，床品使用大胆、夸张、华丽、色彩浓重的纹样组合，可制造出强烈的异域风情魅力。再配以浓重的蓝色墙面漆，更加强调色彩的力量，不拘一格的表现手法是对美丽的大胆探索。

6. 清新单色

使用单色的房间内，写实的植物纹样窗帘、灵感来自服装面料的条纹椅子表面、与书写本一样的网格壁纸，搭配在一起，尽显高雅清新的气氛。注意利用同色系之间的渐变制造层次，如使用白色脚凳和靠包调和黑色餐桌和深色地板的沉重感。

家具，实用的艺术品

家具选购有学问

家具与人们的生活息息相关，影响着人们的生活质量和身体健康，因此在选购家具之前，最好事先做好知识储备，学些挑选识别各种家具的窍门。下面的 11 个选购小窍门，希望能对你有所帮助。

1. 检查材料是否合理

不同的家具，表面用料是有区别的。如桌、椅、柜的腿，要求用硬杂木，比较结实，能承重，而内部用料则可用其他材料；大衣柜柜腿的厚度要求达到 2.5 厘米，太厚就显得笨拙，薄了容易弯曲变形；厨房、卫生间的柜子不能用纤维板做，而应该用三合板，因为纤维板遇水会膨胀、损坏；餐桌则应耐水洗。

发现木材有虫眼、掉末，说明烘干不彻底。检查完表面，还要打开柜门、抽屉门看里面内料有没有腐朽，可以用手指甲掐一掐，掐进去了就说明内料腐朽了。开柜门后用鼻子闻一闻，如果冲鼻、刺眼、流泪，说明黏合剂中甲醛含量太高，会对人体有害。

2. 注意木材含水率不超过 12%

家具用木材的含水率不得超过 12%，含水率高了，木材容易翘曲、变形。一般消费者购买时，没有测试仪器，可以采取手摸的方法，用手摸摸家具底面或里面没有上漆的地方，如果感觉发潮，那么含水率起码在 50% 以上，根本不能用。再一个办法是可以往木材没上漆处洒一点水，如果洇得慢或不洇，说明含水率高。

3. 检查家具结构是否牢固

小件家具，如椅子、凳子、衣架等在挑选时可以在水泥地上拖一拖，轻轻摔一摔，声音清脆，说明质量较好；如果声音发哑，有噼里啪啦的杂音，说明榫眼结合不严密，结构不牢。写字台、桌子可以用手摇晃摇晃，看看稳不稳。沙发可坐一坐，如果坐上一动就吱吱扭扭地响，一摇就晃的，是钉子活，用不了多长时间。

方桌、条桌、椅子等腿部都应该有四个三角形的卡子，起固定作用，挑选时可把桌椅倒过来看一看，包布椅可以用手摸一摸。

4. 检查家具四脚是否平整

这一点放平地上一晃便知，有的家具就只有三条腿落地。看一看桌面是否平直，不能弓背或塌腰。桌面凸起，玻璃板放上会打转；桌面凹进，玻璃板放上一压就碎。注意检查柜门，抽屉的分缝不能过大，要讲究横平竖直，门子不能下垂。

5. 检查贴面家具拼缝严不严

不论是贴木单板、PVC 还是预贴油漆纸，都要注意皮子是否贴得平整，有无鼓包、起泡、拼缝不严现象。

水曲柳木单板贴面家具比较容易损坏，一般只能用两年。就木单板来说，刨边的单板比旋切的好。识别二者的方法是看木材的花纹，刨切的单板木材纹理直而密，旋切的单板花纹曲而疏。刨花板贴面家具，着地部分必须封边，不封边板就会因吸潮、发胀而损坏。一般贴面家具边角地方容易翘起来，挑选时可以用手扣一下边角，如果一扣就起来，说明用胶有问题。

6. 检查家具包边是否平整

封边不平，说明内材湿，几天封边就会掉。封边还应是圆角，不能直棱直角。用木条封的边容易发潮或崩裂。三合板包镶的家具，包条处是用钉子钉的，要注意钉眼是否平整，钉眼处与其他处的颜色是否一致。通常钉眼是用腻子封住的，要注意腻子是否鼓起来，如鼓起来了就不行，慢慢腻子会从里面掉出来。

7. 镜子家具要照一照

挑选带镜子类的家具，如梳妆台、衣镜、穿衣镜，要注意照一照，看看镜子是否变形走色，检查一下镜子后部水银是否有内衬纸和背板，没有背板不合格，没纸也不行，否则会把水银磨掉。

8. 注意油漆部分要光滑

家具的油漆部分要光滑平整、不流淌、不起皱、无疙瘩。边角部分不能直棱直角，直棱处易崩渣、掉漆。家具的门子里面也应着一道漆，不着漆板子易弯曲，又不美观。

9. 检查配件安装是否合理

检查一下门锁开关灵不灵；大柜应该装三个暗绞链，有的只装两个就不行；该上三个镙丝，有的偷工减料，只上一个螺丝，用用就会掉。

10. 沙发、软床要坐一坐

挑沙发、软床时，应注意表面要平整，而不能高低不平；软硬要均匀，而不能这块硬，那块软；软硬度要适中，既不能太硬也不能太软。

挑选方法是坐一坐，用手摁一摁，看一看平不平，弹簧响不响，如果弹簧铺排不合理，致使弹簧咬簧，就会发出响声。其次，还应注意绗缝有无断线、跳线，边角牙子的密度是否合理。

11. 注意颜色要与室内装饰协调

白色家具虽然漂亮，但时间长了容易变黄，而黑色的易发灰，不要当时图漂亮，到最后弄得白的不白，黑的不黑的。一般来说，仿红木色的家具不易变色。

绿植让你融入自然

室内绿化装饰是指按照室内环境的特点，利用以室内观叶植物为主的观赏材料，结合人们的生活需要，对使用的器物和场所进行美化装饰。这种美化装饰是根据人们的物质生活与精神生活的需要出发，配合整个室内环境进行设计、装饰和布置，使室内室外融为一体，体现动和静的结合，达到人、室内环境与大自然的和谐统一，它是传统的建筑装饰的重要突破。

室内绿化装饰植物的选择

在室内进行绿化装饰，首先需要考虑到室内的生态条件。室内相对室外来说是一个生态条件有特殊性的较封闭的空间，即室内环境光照较室外弱，且多为散射光或人工照明光，缺乏太阳直射光；温差变化较小，室温较稳定，而且可能有冷暖空调调节；空气较干燥，湿度较低；二氧化碳浓度较大气略高，通风透气性较差。在这个空间里，室内绿化造就了一个人工小气候环境。

室内绿化装饰的植物，大量采用的是室内观叶植物，部分采用观花、盆景植物。这是由环境的生态特点和室内观叶植物的特性共同决定的，两方面兼顾，才能使美学和生态学得到统一。所以了解这些植物材料的观赏性和生态习性显得非常重要。

植物材料的观赏性包括自然属性和社会属性，但在绝大部分情况下主要取决于由形状、色彩、姿态等构成的形式美的自然属性。如室内观叶植物以其叶片翠绿奇特，或硕大，或斑驳多彩而别具一格；藤本及悬垂植物以其优美或潇洒的线条和绰约的风姿而使人赏心悦目；切花类花卉以其艳丽鲜明的色彩使室内蓬荜生辉；盆景类则古朴典雅，富有韵味。如果从形式的审美角度对植物材料进行分类，那么它可以分成以下几种。

1. 具自然美的室内观叶植物

这类植物具有自然野趣的风韵，在讲究而豪华的环境中能映现出自然的美。如春羽、海芋、花叶艳山姜、棕竹、蕨类、巴西铁、荷兰铁等。

2. 具色彩美的室内观叶植物

这类植物可创造直接的感官认识。因为色彩是使人敏感的因素之一，它可以反映人的情绪的变化，使人宁静或使人振奋。大量的彩斑观叶植物和色彩丰富的观花植物，均属于此类型。

3. 具图案性美的室内观叶植物

此类植物的叶片能呈某种整齐规则的排列形式，从而显出图案性的美。如伞树、马拉巴栗、美丽针葵、鸭脚木、观赏凤梨、龟背竹等。

4. 具形状美的室内观叶植物

该类植物具有某种优美的形态或奇特的形状而得到人们的青睐。如琴叶喜林芋、散尾葵、丛生钱尾葵、龟背竹、麒麟尾、变叶木等。

5. 具有垂性美的室内观叶植物

这类植物以其茎叶垂悬，自然潇洒，而显出优美姿态和线条变化的美。如吊兰、吊竹梅、常春藤、白粉藤、文竹等。

6. 具攀附性美的室内观叶植物

此类植物能依靠其气生根或卷须和吸盘等，缠绕吸附装饰物上，与被吸附物巧妙地结合，形成形态各异的整体。如黄金葛、心叶喜林芋、常春藤、鹿角蕨等。

但是不管具有何种形式美的室内观叶植物，只有与室内装饰和整个建筑环境在形式上协调，才能发挥良好的装饰效果。

如果考虑植物材料的观赏性的社会属性的内容因素，则往往需要注意到整个建筑环境装饰的风格、情调。如各种室内观叶植物只有在特定的室内建筑环境下，才能达到既保留传统的自然风格，又具备现代艺术的某种抽象和图案美，使其富有清新、洒脱、典雅的艺术韵味。又如盆景只有在中式的室内装饰中，或在红木几架、博古架以及中国传统书画的衬托下，方能展现中国传统文化审美情趣。

室内绿化装饰的主要形式

室内绿化装饰方式除要根据植物材料的形态、大小、色彩及生态习性外，还要依据室内空间的大小、光线的强弱和季节变化以及气氛而定。其装饰方法和形式多样，主要有陈列式、攀附式、悬垂式、壁挂式及栽植式绿化装饰等。

1. 陈列式绿化装饰

陈列式包括点式、线式和片式三种，是室内绿化装饰最常用和最普通的装饰方式。其中点式最为常见，即将盆栽植物置于桌面、茶几、柜角、窗台及墙角，或高空悬挂于室内，构成绿色视点。线式和片式是将一组盆栽植物摆放成一条线或组织成自由式、规则式的片状图形，起到组织室内空间，区分室内不同用途场所的作用，同时还可与家具结合，起到划分范围的作用。此外，几盆或几十盆组成的片状摆放，可形成一个花坛，产生群体效应，突出中心植物主题。

采用陈列式绿化装饰，主要应考虑陈列的方式和使用的器具是否符合装饰要求。传统的素烧盆及陶质釉盆仍然是目前主要的种植器具，而近年来出现的表面镀仿金、仿铜的金属容器及各种颜色的玻璃缸套盆则一般与豪华的西式装饰相协调。总之，器具的表面装饰要视室内环境的色彩和质感及装饰情调而定。

2. 攀附式绿化装饰

大厅和餐厅等室内某些区域需要分割时，可以采用带某种条形或图案花纹的栅栏再附以攀附植物隔离。当然，攀附植物与攀附材料在形状、色彩等方面要协调，以使室内空间分割合理、协调，而且实用。

3. 悬垂吊挂式绿化装饰

在室内较大的空间内，结合天花板、灯具，在窗前、墙角、家具旁吊放有一定体量的阴生悬垂植物，可改善室内人工建筑的生硬线条造成的枯燥单调感，营造生动活泼的空间立体美感，且“占天不占地”，充分利用了空间。这种装饰要使用一种金属用具或塑料吊盆，使之与所配材料有机结合，以取得意外的装饰效果。

4. 壁挂式绿化装饰

室内墙壁的美化绿化，也深受人们的欢迎。壁挂式有挂壁悬垂法、挂壁摆设法、嵌壁法和开窗法。具体实施方法有以下几种：（1）预先在墙上设置局部凹凸不平的墙面和壁洞，供放置盆栽植物；（2）在靠墙地面放置花盆或砌种植槽，然后种上攀附植物，使其沿墙面生长，形成室内局部绿色的空间；（3）在墙壁上设立支架，在不占用地的情况下放置花盆，以丰富空间。采用壁挂式绿化装饰时，以悬垂攀附植物最为常用，其他类型植物也常使用，此外还应考虑植物形态和色彩。

5. 栽植式绿化装饰

这种装饰方法多用于室内花园及室内大厅堂等有充分空间的场所。栽植时，多采用自然式，即平面聚散相依、疏密有致，适当注意采用室内观叶植物的色彩来丰富景观画面，并使乔灌木及草本植物和地被植物组成层次，注重形态、色彩的协调搭配；同时考虑与山石、水景组合成景，模拟大自然的景观，给人以回归大自然的美感。

个性装饰，异彩纷呈

用壁饰美化房间

在室内装饰的众多方法中，壁饰以它独特的艺术魅力受到人们的青睐。壁饰往往代表着一间居室装饰的风格。

壁饰，就是墙壁的装饰物。在我国，传统的壁饰即指国画、持屏照片、佩剑、乐器或一般的印刷挂历、年画、年历等。随着社会的发展和现代建筑的兴起，人们的审美心理逐渐发生变化，特别是年轻人，突破呆板的生活形式，以自己的审美理想、意念来设计，用自己的双手创造与时代同步的艺术品。例如，用贝壳招来大海的波涛，用动物标本带来原野的气息，五彩荷包浸透着乡间姑娘纯朴的爱情，铁丝塑料纺织体现青年一代对未来的憧憬，易拉罐剪成的花篮体现着对生活的勤于思考。总之，现代壁饰已不仅仅是艺术家的作品和大市场的商品，更多的是家庭主人的创作，它集中了不同材料和工艺的精华，用最简单的、原始的、通俗的、综合的手法表现人对家庭的热爱，对生活的理解和认识。

壁饰没有固定的尺寸和规格，以室内的空间面积来决定。如室内的家具稍低、色彩淡雅的话，可以选用垂直的悬挂形式，造型可趋向抽象，色彩强烈丰富。宽大门厅的壁饰尺寸可以稍大一些，悬挂位置要适当，看来醒目，使客人见后能留下深刻的印象。组合家具分割的房间，因墙壁面积小，可选用一些小件壁饰，小中见精，以求壁饰的传神，以打破室内空间的拥挤和沉闷。

壁饰的不同色彩与形式，可以造成不同的情趣和艺术风格。在制作时要考虑到民族审美心理习惯，避免人们所忌讳的形象和色彩搭配，追求吉祥的形象、简练而大方的形式、亲切而温和的色彩。把壁饰与人的感情融合一体，形成主人个性、生活习俗和思想情绪的缩影。

如今的市场上，壁饰的材料十分多，有陶瓷、金属、土布、石膏、植物、纸张、动物标本等。在制作时可结合编织、印染、折纸、雕刻、铸造等手工工艺，在形式上采用平面、立体、浮雕、软雕塑、平贴等。新婚夫妇要使新房布置得更有纪念意义，可以动手制作新婚纪念壁饰。年轻的母亲可以专为孩子们设计一些壁饰，如布制娃娃、折纸动物、彩色数字、字母等。

其实，不少的壁饰都是与实用相结合的，如利用印染工艺制作信插，与壁灯结合用草制品制作不同风格的灯具壁饰，还可以用植物的垂吊、动物标本的悬挂、生活照片的平贴制作现代壁饰，这都是现代人所追求的时尚。

镜面装饰效果非凡

目前，不少居家住宅面积还不宽敞，有些住宅光线也不够充足。若采用玻璃镜面来美化居室，就会使居室显得宽敞明亮，美观舒适。

如今市场出现的玻璃装饰镜面有两种，一种是用硝酸银化学反应生产的银光镜，这种镜子的优点是反射率高，但由于镀层薄，稳定性较差，在潮湿的环境中容易发花，影响使用寿命；另一种称为铝光镜，是采用物理的方法真空镀铝，这种镜子比银光镜反射率略为低些，但肉眼感觉不出来，且制造工艺较先进，稳定性较好。

居室的装饰格局，是通过材料、光、色彩等方式，使有限的空间达到功能、气氛、格调和美感的统一。例如，客厅通常摆放沙发，不少家庭在墙上挂些艺术壁毯或墙画，也有不少家庭大胆选用10厘米×10厘米或20厘米 ×20厘米标准镜片，并根据居室的不同光线，选用蓝片或茶色片，像釉面砖一样粘贴在沙发上方的墙面上，形成一个玻璃镜面幕墙。如果墙面过于宽大，还可用即时贴等彩色胶纸，剪成各种新颖活泼的图案，张贴在镜面上，以丰富墙面的层次感。为了使墙面装饰更富有立体感，可通过对镜面的深加工，即磨边、喷砂、雕刻，用镶、拼、嵌等手段装饰。在光照折射下，整个居室如同水晶宫般透亮。

玻璃镜面除了墙面装饰外，还可在家具上安装。现在不少组合家具及大件陈设品中，各种异型的玻璃及镜面，已占整个装饰面的2/3，打破了组合家具沉闷、呆板的格局。错落有致的镜面覆饰在门、柜等上面，会使狭小的居室扩大了纵深和空间。在镜面上反射出的户外色彩，犹如一幅人造大自然的艺术风景画，令人心旷神怡。

巧用工艺品美化房间

墙上挂一两幅别具风格的书法绘画，桌上放一盆色彩艳丽的花卉，床头柜上放件精心雕刻的工艺品，都会给你的房间增添生气，使你的生活多几分情趣。

如何用工艺品装饰房间呢？首先要考虑自己的住房条件和居室环境。

若住在传统式的老房子，家具又是老式的，可用几件造型古朴、色彩浓重的工艺品来衬托；如果住的是新式建筑，可选些活泼清新、形态抽象，能够体现时代特色的工艺品来点缀美化。工艺品装点居室最忌贪多求全、庞杂无章。在宽敞的房间里，几幅泼墨山水、写意花卉、狂草大写，显得豪放洒脱；一组工笔花卉、正楷条幅，显得工细精严；几张年画，可烘托出节日的气氛；在狭小的房间里，宜选择色彩浓重的小品画、小幅油画或艺术挂盘，使房间显得精巧得体。

美化房间还要考虑家具与工艺品的协调、均衡、和谐。如果室内的家具是古典式的，墙上宜挂国画、书法之类的艺术品，若能再摆上一件景泰蓝，会使房间显得古朴典雅、富丽华贵、宫廷味十足。如果室内家具是西式的，墙上宜挂油画、彩色风景照片或写生画等。在新婚之际，选择一张自然环境中拍摄的生活照取代一般西装革履婚纱的结婚照，一定会使婚房别具风格，充满生活气息。选择风景画能给房间增添大自然的情趣，带来清新飘逸的感受。

总之，独具匠心地装点你的小天地，会给你带来无穷的乐趣。

妙用其他物品装饰你的家

生活中很常见的东西，比如照片、挂历、挂毯、油画、花瓶等，可能搁在那里也没什么用处，还碍事，但是说不定哪天你会灵机一动，有了用它们来装饰的小创意，一样可以物尽其用。下面笔者就告诉大家如何用这几类物品来装饰出令人心仪的家居。

1. 用照片装饰墙面的窍门

（1）悬挂。在悬挂照片时，如果居室较大、视线较高，可以采用前倾式悬挂法。如果居室较为狭小，照片可以略高于正常人的平视线之上，宜采用镜框悬挂法。

（2）隐蔽。照片的挂绳以及挂钉最好要隐藏起来，如果确实难隐蔽，则要选用专门的画镜钩，悬挂在室内的画镜线上。

（3）镜框。在悬挂镜框时，应该按照所需挂镜框的高度，先在墙上钉一个钉子，在镜框背后的左右纵向框中心处各钉一个钉子，也可用螺丝圈，并在其间系一根绳子。最后，取绳的中心往墙上的钉子上一挂，并把绳在钉上绕一圈，由于镜框本身的重力作用，加上墙面上的支托，它便会平稳而自然地固定在墙上。

2. 挂历装饰墙面应的注意事项

（1）协调。在用挂历来装饰墙面时，所选择的挂历一定要与整个房间的气氛、格调相协调。在陈设富丽堂皇的现代家具的房间里，若是能够挂上一本静物写生或摄影挂历，定可增添时代的美感；在陈设高雅的中式客厅里，若能挂上一本条幅式的山水挂历，定可衬托出典雅古朴的风格。

（2）排列。在选择挂历的具体挂置部位时，应注意与墙面其他装饰协调统一，还应选择在那些方便翻阅和欣赏的地方。挂历要注意与墙面的组合排列关系。除了茶几上方墙面可单独挂一本挂历外，一般不宜在空荡荡的墙面上独置挂历。

3. 挂毯装饰的要点

（1）选择。若是想要选择挂毯来布置房间，那么一定要根据房间的布置风格来选择不同的画面。只有这样才能和整个房间的布置风格相和谐。通常来说，房间总的布局如果富有时代感，则挂毯的画面宜具有现代画派艺术风格。若是房间风格为“古色古香”，那挂毯则要选用具有浓郁民族色彩或中国风俗画特点的画面。

（2）协调。我们所选择的挂毯颜色以及尺寸还必须与房间的色调、面积相适应。为使挂毯的画面更具有清新感，可在挂毯的上方装饰一盏壁灯，壁灯的颜色、形状也应与其相协调。

4. 用油画装饰的秘诀

（1）品味适宜。在选择油画时，作者的艺术品味一定要与房间主人相适宜，作品要有较强的观赏性，耐人回味。

（2）风格统一。油画的风格还必须同房间的装饰风格相一致，现代派、抽象派的油画则宜挂在墙面明亮、家具简洁的房间；古典风格、写实的油画适合于色调凝重、装潢华贵的房间。

（3）色彩协调。油画色彩与房间的色彩在协调的基础上，一般以对比色为妙，这样能够起到画龙点睛的作用。色块艳明的房间则宜用色彩对比强烈的油画，温馨淡雅的房间宜选色彩柔和的油画。

5. 用花瓶装饰居室的要领

（1）选择。应该根据房间的风格以及家具的形状、大小来选择花瓶装点居室。厅室如果比较狭窄，为避免产生拥挤压抑的感觉，就不要选体积过大的品种。

（2）色彩。花瓶的色彩也很重要，要根据房间内家具、天花板吊顶、地板以及墙壁和其他摆设物的色彩来选定。总之，既要协调，又要有对比。

房间的色调若是偏冷，那么可以考虑暖色调的花瓶，以加强房间内热烈而活泼的气氛。反之，则可布置冷色调的花瓶，给人以宁静安详的感觉。

（3）布置：花瓶如果布置得当，可以起到点缀、强化的装饰效果。对于面积较宽阔的居室，可以选择体积较大的品种，如半人高的落地瓷花瓶、配置几架的彩绘玻璃花瓶，都能为居室平添一份清雅祥和的气氛。

第七章
防污治污：装出健康新家居

人的一生有65%的时间是在住宅里度过的，住宅环境的好坏直接影响着人们的身心健康。医学家们通过大量的研究一致认为，良好的居住环境能使人延年益寿。据调查，全世界每年有280万人直接或间接死于装修污染，装修污染已被列为危害最大的五种环境问题之一。房屋装修，不仅要体现美观漂亮，更重要的是保证居住者的健康。

装修污染——生命中“不能承受之重”

装修污染知多少

装修污染，指房屋装修之后，装饰材料及家具等缓慢释放出甲醛、苯、氨、氡、总挥发性有机物等有害物质，造成对人体的不利影响。

1.“头号杀手”——甲醛

甲醛是一种无色易溶于水的刺激性有毒气体，可以经过呼吸道被人体吸收，一般存在于复合地板、家具的大芯板、胶合板、刨花板、密度板，以及墙和家具的涂料和墙纸中。这些材料里的甲醛能持续释放 3 ~ 15 年。

甲醛对人的眼、鼻、喉有刺激作用，可导致流泪、头晕、头痛、乏力、视物模糊等症状，严重时导致肺气肿及鼻咽癌，并且它具有生殖毒性，能导致畸形等生殖发育危害，从而影响后代。

世界卫生组织（WHO）下属的国际癌症研究机构（IARC）于 2004 年 6 月 15 日正式发布 153 号“甲醛致癌”公报，公报汇集了 10 个国家的 26 位科学家针对甲醛致癌评议的结果，正式确认甲醛为致癌物质。研究人员称有足够的证据表明甲醛能导致鼻咽癌和鼻窦癌，并可引发白血病。我国有毒化学品优先控制名单上，甲醛高居第二位。

2. “芳香杀手”——苯

苯是一种无色具有芳香气味的液体，它的可怕之处在于让你失去警觉的情况下悄悄地中毒，所以专家称其为“芳香杀手”。国际卫生组织已经把苯定为强烈致癌物质，它包括毒性相当大的纯苯和甲苯，还包括毒性稍弱的二甲苯。

苯一般来自于室内装修用的油漆、涂料、乳胶漆、木器漆、天那水、胶合剂等。

苯主要损害人的中枢神经以及肝功能，如果长期吸入，会破坏人体的循环系统和造血机能，导致白血病及感染败血症等疾病。此外，妇女对苯的吸入反应格外敏感，主要表现为妇女月经过多或紊乱，妊娠期妇女长期吸入会导致胎儿发育畸形和流产。

我国有关标准规定：苯中毒指较长时期接触苯蒸气引起的以造血系统损害为主要表现的全身性疾病。出现下列之一者并排除其他原因引起的血象改变，可诊断为慢性苯中毒：

（1）全身血细胞减少症；

（2）再生障碍性贫血；

（3）骨髓增生异常综合症；

（4）白血病。

3. “臭味杀手”——氨

氨是一种无色而具有强烈刺激性臭味的气体，属于碱性物质，对接触的皮肤组织都有腐蚀和刺激作用。

氨主要来自于建筑施工中所使用的混凝土外加剂。混凝土外加剂的使用有利于提高混凝土的强度和施工速度，但是却会留下氨污染的隐患。另外装饰材料也会导致氨的污染，比如家具涂饰时所用的添加剂和增白剂大部分都用氨水制成。

长期接触氨的人可能会出现皮肤色素沉积或手指溃疡等症状；氨被吸

入肺后容易通过肺泡进入血液，与血红蛋白结合，破坏运氧功能。短期内吸入大量氨气后可出现流泪、咽痛、声音嘶哑、咳嗽、痰带血丝、胸闷、呼吸困难，伴有头晕、头痛、恶心、呕吐、乏力等，严重者可发生肺水肿、肺充血、支气管炎，同时可能发生呼吸道刺激症等。

4. “隐形杀手”——氡

氡是一种无色、无味的放射性气体，是世界卫生组织公布的 19 种环境致癌物之一，并且被国际癌症研究机构列为室内重要致癌物质，因此氡被称为“隐形杀手”。

家庭装修时，需要使用大量的花岗岩、砖、沙子、水泥、瓷砖及石膏等建筑材料，而氡的主要隐蔽场所正是这些建材。

长期居住在氡浓度较高的房间内，容易造成呼吸道疾病，严重时甚至会导致肺癌、白血病、不孕不育、胎儿畸形等。

据有关调查数据显示：

（1）世界上有 1/5 的肺癌患者与氡有关！

（2）氡是仅次于吸烟引起肺癌的第二大致癌物质！

（3）我国每年因氡致肺癌的病例达 50000 例！

（4）美国每年因氡而死亡的人数达 30000 人！

5. “致命杀手”——总挥发性有机物（TVOC）

总挥发性有机物，简称 TVOC，是指在室温和正常大气压下较容易挥发成气体的各种有机化合物的统称。其中主要气体成分有烷、烯、胺、卤、酮、酯、醛、芳烃等。

TVOC 一般来源于家具、装饰板材、溶剂型涂料、黏结剂、油漆、壁纸、化纤地毯以及其他家庭装饰材料。

家庭装修后，若房屋中 TVOC 超过一定浓度，里面的人就会产生头昏、疲乏、易怒、呼吸短促，以及眼睛、喉咙不适及贫血等情况。严重时会对人体的中枢神经系统、肝脏、肾脏及血液都会造成毒害影响。

例如，在感官方面会造成人体视觉、听觉、嗅觉受损，在感情方面会造成应激性、神经质、冷淡或忧郁，在认识方面会造成长期或短期记忆混淆或迷向，在运动功能方面会造成体力变弱、振颤或不协调。

国家颁布的《民用建筑室内环境污染控制规范》中规定，室内空气中，TVOC 的含量属于评价居室室内空气质量是否合格的一项重要指标，规定家庭装修中 TVOC 含量不能超过 0.5 毫克 / 米 ^{3}。

室内污染危害的表现

据相关资料显示，室内环境污染造成的危害主要表现有以下 10 种，大家可根据以下表现进行自我诊断，发现根源，找到解决方法。

1. 群发性皮肤病综合征

征状：家人常有群发性的皮肤过敏等皮肤病。

处方：发现污染源并将其去除。

2. 家庭群发疾病综合征

征状：家人共有一种疾病，而且离开这个环境后，征状就有明显变化和好转。

处方：在购房入住之前，最好对房屋进行空气检测或治理后再入住，因为室内环境污染除了装修之外，一部分也来源于建筑材料。

3. 宠物死亡综合征

征状：搬新家后，自己家和邻居家养的宠物猫、狗甚至热带鱼都莫名其妙地死掉。

处方：宠物有时对于室内空气污染比人更加敏感，尤其对于无色无味、带有放射性的氡气。这种比空气沉的气体，常聚集在房屋地面上，比人的身高低很多的宠物，最容易成为氡气的受害者。

4. 心动过速综合征

征状：新买家具后家里气味难闻，使人难以接受，并引发身体疾病。

处方：将含有污染物的家具进行甲醛处理之后将房间通风。

5. 类似烟民综合征

征状：不吸烟，也很少接触吸烟环境，但是经常感觉嗓子有异物感，呼吸不畅。

处方：将室内有害的装修材料尤其是劣质的人造板材进行甲醛封闭处理。

6. 幼童综合征

征状：家里小孩常咳嗽、打喷嚏、免疫力下降，不愿意回新装修的家或房间。

处方：注意使用无害材料装修儿童间，并待装修异味全部散发干净后，再让孩子住进来。同时也可以进行有效的室内空气检测及治理。

7. 不孕综合征

征状：新婚夫妇长时间的查不出不怀孕的原因。

处方：在家庭装修中使用天然石材及其产品，一定要注意放射性问题，因为强烈的放射性不仅会导致不孕，而且会引发癌症。

8. 胎儿畸形综合征

征状：孕妇在正常怀孕情况下发现胎儿畸形。

处方：妇幼保健专家特别提醒新结婚的青年夫妇，孕前和孕期都不要接触有毒有害的物体，怀孕后要定期到医院检查。

9. 起床综合征

征状：起床时感觉到憋闷、恶心，甚至头晕目眩。

处方：搬离有污染的住所，对氨气封闭处理，并对房间进行强制通风，待氨气指标下降至正常水平再入住。

10. 植物枯萎综合征

征状：搬新家或者新装修后，室内植物不易成活，叶子容易发黄、枯萎，一些生命力顽强的植物也难以正常生长。

处方：植物的异常死亡，也是室内空气被污染的一个重要信号。如果发生这样的状况，应该从装修污染上找原因。

以上这些现象，大多数都是在新装修的居室中产生的，因此也被称为“新居综合症”。人的一生有 2/3 以上的时间是在室内度过的，室内空气质量的好坏与我们的健康密切相关。因此一旦发现我们自己和自己的家人有这些征状，请马上进行室内环境检测和治理，尽快消除埋藏在你身边的“定时炸弹”。

家装辐射不容忽视

随着生活水平的提高，人们在居室装修方面的投入也越来越大；但随之而来的“装修污染”问题常常令人手足无措，家装材料的放射性是否超标已成为其中最棘手的问题之一。其实，供人类居住的地球本身就是一个巨大的放射源，此外，还有来自宇宙空间的射线（宇宙射线），可以说我们无时无刻不在遭受射线的“袭击”。可见，放射性是一个不可避免的客观现象，它们无处不在，只有局部量多量少的差别。因此，人们不必谈放射性而色变。

目前，居室装修中涉及的建筑材料主要有：砖石、地砖、石材、混凝土等。因这些材料中都含有一定量的放射性元素镭，镭可衰变出氡气，并进入室内，所以在购买、装修之前对其放射性水平必须做到心中有数。

对石材的放射性检验显示：从颜色上看，天然石材中放射性属 B 类的商品为印度红、桂林红；属 C 类的商品为永定红；放射性水平大于 C 类标准的商品为杜鹃红；其他，如霞红、樱花红、将军红、台湾红、新疆红、石岛红、安溪红、枫叶红、西丽红、天山白麻、天山红、南非红、厦门红等均为A类商品。但这也不是绝对的，即使是同一种石材它的放射性水平也会有所差异。

因此，不能一概而论地认为某种石材就是放射性超标的，而是要通过专业部门或专业人士对其进行检测，测定其中的放射性水平是否对人体有害。为了对人们的健康负责，经中国环境标志产品认证认可委员会秘书处批准，“中国环境标志产品认证”以“五环石”为标志图案的证书已成为认证石材企业的依据。

继大气污染、水污染和噪声污染之后，电磁辐射已成为“第四污染源”。在居室内，来自电视、电冰箱、电脑、微波炉、电磁灶、电热毯、手机、空调机等的电磁辐射，由于波长短、频率高、能量大、生物学作用强等，长期使用常常对人体神经、内分泌、心血管、血液、生殖、免疫及视力等产生影响和损害。

对于消费者而言，在家居装修中不要使用那些放射性含量较高的瓷砖、石材等材料，特别是选用石灰渣砖建房时要更加谨慎。专家建议，消费者在购买装修建筑材料时，应首先向经销商索要产品的放射性水平检验合格报告或产品的放射性水平分类检验报告（针对建筑装修材料）；同时，在查看检验报告时必须留意检验报告上要有CMA计量认证专用章，检验依据应为国家标准GB6566—2001，正本检验报告或加盖红色骑缝章的检验报告复印件有效。

居室健康一直都是公众和政府关注的焦点之一，因此，相关政府部门也在严格控制建筑装修材料的辐射水平。只要我们时刻警惕着，在公众和政府部门的共同努力下，居室辐射污染是可以防患于未然的。

室内装修还需警惕“光污染”

如今在家庭装修时，人们已经把室内空气质量当做头等大事来看。殊不知，另一种污染——“光污染”也悄然而至。

人的眼睛由于瞳孔调节作用，对一定范围内的光辐射都能适应，但光辐射增至一定量时，就会对环境及人体健康产生不良影响，这称为“光污染”。那么，在室内装修中，有哪些“光污染”情况值得关注呢？

1. 装修过于明亮

为了让居室看起来更加“富丽堂皇”并在一定程度上弥补采光不足，有些家庭偏爱用颜色较高的瓷砖装修，甚至在室内安装多个镜面、刷白粉墙等。这样做有什么不合理之处？

专家点评：一般情况下，屋顶和墙面的光反射系数宜低于60%，地面宜为15% ~ 35%。过分明亮的装饰面，会使反射系数高达90%，超过人体的承受范围。置身于这样一个反光强烈、缺乏色彩的环境，眼角膜和虹膜可能受到伤害，导致视疲劳或视力下降，增加白内障发病率。同时，还会扰乱正常的生理节律，诱发神经衰弱和失眠。

2. 五颜六色的灯光

不少家庭在选用灯具和光源时，为了追求浪漫、豪华，往往忽视合理的采光需要，把灯光设计成五颜六色的，有时看起来还比较杂乱。这对健康有影响吗？

专家点评：颜色杂乱的灯光，除危害视力外，还干扰大脑中枢神经功能。人们长期生活在过量的、不协调的光辐射下，可能出现头晕、目眩、失眠和情绪低落等症状，甚至出现血压升高、心悸、发热等。“光污染”对婴幼儿的影响更大，不仅削弱视力，还影响视力发育。

“光污染”不可小觑。那么，有什么办法可以避免它对健康的不良影响呢？

（1）照明考虑功能需求和色调搭配。装修时应根据不同空间、场合及对象，选择不同的照明方式。例如，卧室灯光比较温馨，书房和厨房要求明亮实用，卫生间则尽量温暖、柔和。一般在室内照明中，主光源为冷色调，辅助光源宜为暖色调。此外，从房间的用途来看，书房、客厅、厨房等宜采用冷色光源，而卧室、卫生间、阳台等宜采用暖色光源。

（2）保持光源稳定，拒绝光线直射入眼。稳定的光源避免了明暗交替或闪烁的现象，能保护视力，提高工作和学习效率。照明的方向和强弱也应关注，否则强光直射入眼，会产生不良影响。可采用“二次照明”的方法，把灯光打到天花板后反射下来，既不损伤眼睛，又增添浪漫的氛围。

（3）合适的灯具可降低“光污染”影响。室内常用的光源，其照明亮度和“光污染”影响会不相同。柔和的白炽灯、镜面白炽灯及荧光灯造成的“光污染”影响较小，居室内可多采用此类光源。局部照明时，应用遮光性好的台灯，以阻挡这类光源所含的较多红外线辐射。

（4）正确选择瓷砖和涂料。家庭装修时，建议挑选反射系数较小的瓷砖。由于白色和金属色瓷砖反光强烈，不适合大面积应用。书房和儿童房则考虑用地板代替地砖。如果安装了明亮的抛光砖，平时应开小灯，把“光污染”降至最低。

室内污染物的防治

室内装修污染治理方法

室内装修污染基本是每个居室在装修完成之后都存在的问题，正因为如此，很多人在装修完成之后都要等几个月的时间再入住。通常除了通风之外，室内装修污染的治理方法还有很多，我们主要介绍以下几点。

1. 活性炭吸附

通过活性炭，空气中的污染物质能够持续不断地被吸附，而且不需要电源。但是活性炭吸附还存在一个饱和的问题，即活性炭吸附的污染物质越多，其吸附能力越差，以致失去吸附净化能力。

2. 净化器

净化器的种类比较多，主要有化学分解、臭氧分解等，但这些都需要持续耗电，由于污染物质是不断持续释放，一旦关闭电源，污染物质浓度必然会持续升高。另外，净化器都无法对家具内部进行处理。

3. 纳米光触媒

纳米光触媒处理污染的原理是利用纳米光催化材料在光照射下可以持续产生大量活性极强的氧离子自由基和氢氧自由基，这些自由基可以分解装修产生的甲醛、苯、氨等污染物质及病菌等致病微生物。此种方法能够有效分解并降低室内装修污染物质的浓度，但是在无光条件下无法发挥作用，另外比较难于处理甲醛污染的主要来源——家具（特别是封闭的家具）；同时要用此种工艺治理装修污染，要求降到符合国家标准，需要时间较长，特别是超标较为严重的情况下。

4. 甲醛清除剂＋装修（家具）除味剂治理工艺

此种方法能够快速将室内各项污染物质浓度降到国家标准以下，特别是对家具的处理效果相当明显。将利用植物吸收甲醛的原理研制的甲醛清除剂涂刷在家具及人造板材制品的裸露表面，使其渗透到板材内部，与板材内部的游离甲醛产生聚合反应以达到清除板材中的游离甲醛；同时利用家具除味剂与装修除味剂产生的强氧化气体快速分解家具或室内空气中的甲醛、苯、氨等装修污染物质。但此种工艺对施工要求较高，要求必须将所有污染源进行处理，否则就可能使治理后甲醛浓度无法达到标准要求。对于装修前介入，采用此种工艺比较容易保证效果，但装修后介入，必然存在无法处理到的死角，另外油漆表面虽然具有一定甲醛屏蔽作用，但也会极其缓慢地释放甲醛，因此可能使治理后无法达到标准。

5. 综合治理方法

室内装修污染综合治理方法是目前国内最为完善以及最合理的室内装修污染治理方法之一，它采用物理＋清除剂＋合理建议＋光催化巩固效果＋维护的办法，综合评定污染空间后系统地进行室内环境污染治理。

巧用花卉来除污

不少人在迁入新居或居室装修后，常出现头痛、头晕、乏力、失眠、食欲不振等身体不适症状，医学上称此为“新居综合征”。产生以上病症的原因，主要是家庭居室中的家具、家电和建材中的化学物质不断缓慢地分解，将甲醛、硫化氢、三氯乙烯、氟化氢、苯及苯酚等化学污染物释放到居室的空气中，从而对人体造成危害。

然而，有些花草植物却是这些有害气体的克星，它既能吸收有害气体又能净化空气，被人们称为“装修花卉”。由于兼具观赏和环保双重作用，装修花卉正成为市场的新宠。美国宇航局的科学家经过 20 多年的研究，发现在室内栽种绿色植物是去除化学污染简便而有效的途径。

绿色植物通常是靠叶子的细微舒张来吸收这些化学物质，这些绿色植物中多含有挥发性油类，具有显著的杀菌功能和抗毒能力，能吸收空气中一定浓度的有毒气体，如二氧化硫、氮氧化物、甲醛、氯化氢等，特别是观叶植物对吸附放射性物质具有很强的功效。

不同种类装修花卉有不同的习性，在购买中要针对自家的需要。常见的装修花卉主要有以下几类。

1. 吊兰

别名挂兰、钓兰，百合科吊兰属多年生常绿草本，原产南非，生性强健，适应能力强，生长繁茂，容易栽培。1 盆吊兰在 8 ~ 10 平方米的房间内就相当于 1 个空气净化器，它可在 24 小时内，清除房间里 80% 的有害物质，吸收掉 86% 的甲醛；能将火炉、电器、塑料制品散发的一氧化碳、过氧化氮吸收殆尽。

2. 虎尾兰

虎尾兰又名千岁兰、虎皮兰，原产非洲、印度，适应性特别强。1 盆虎尾兰可吸收 10 平方米左右房间内 80% 以上甲醛等多种有害气体，2 盆虎尾兰基本上可使一般居室内空气完全净化。虎尾兰白天还可以释放出大量的氧气。

3. 芦荟

能减少苯、甲醛的污染，百合科芦荟属多年生常绿草本。肉质叶从圆柱形的肉质茎上交互生出。对土壤要求不严。春、夏、秋三季旺盛生长期，在 24 小时照明的条件下，可以吸收 1 立方米空气中所含的 90% 的甲醛，且能增加负氧离子的浓度。

4. 常春藤

五加科常春藤属常绿攀缘藤本，原产欧洲。通过叶片上的微小气孔，常春藤能吸收苯、甲醛、三氯乙烯等有害物质，并将之转化为无害的糖分与氨基酸。1 盆常春藤能吸收 8 ~ 10 平方米的房间内 90% 的苯，能对付从室外带回来的细菌和其他有害物质，甚至可以吸纳连吸尘器都难以吸到的灰尘。

5. 龙舌兰

别名龙舌掌、番麻，龙舌兰科龙舌兰属多年生常绿植物。原产于美洲。在 10 平方米左右的房间内，可吸收 70% 的苯、50% 的甲醛和 24% 的三氯乙烯。

6. 月季

蔷薇科常绿或落叶灌木，原产我国，变种主要有小月季、月月红、变色月季。适应性强。能较多地吸收氯化氢、硫化氢、苯酚、乙醚等有害气体。

7. 金琥

别名黄刺金琥，是仙人掌科金琥属的仙人球种类。原产墨西哥沙漠地区。金琥生性强健，抗病力强，寿命很长，栽培容易，体积小，观赏价值很高，能吸收甲醛、乙醚。

8. 绿萝

又名黄金葛、魔鬼藤、黄金藤等，为天南星科崖角藤属常绿多年生草本。原产印度尼西亚群岛。因其茎节上有气根，扦插极易成活。扦插时间在 4 ~ 8 月，栽培 2 ~ 3 年后须换盆或修剪更新。绿萝能吸收甲醛。

9. 石竹

石竹科多年生草本植物，喜阳光充足、干燥、通风及凉爽湿润气候。常用播种、扦插和分株繁殖。有吸收二氧化硫和氯化物的本领。

10. 万年青

百合科万年青属植物，品种丰富，有绿叶、花叶等多种类型。喜温暖湿润、半阴环境，夏季放置在荫蔽处，以免强光照射。万年青可有效清除空气中的三氯乙烯污染，还可清除硫化氢、苯、苯酚、氟化氢和乙醚等多种有害气体。

11. 山茶

山茶科常绿灌木或小乔木，原产中国，喜温暖气候，生长适温为 18 ~ 25℃，始花温度为 2℃。喜空气湿度大，忌干燥，喜半阴，忌烈日。用扦插、嫁接、压条、播种繁殖。山茶吸收氯气的能力强。

12. 石榴

原名安石榴，石榴科落叶灌木或小乔木，原产波斯（今伊朗）一带，较耐瘠薄和干旱，怕水涝。室内摆 1 ~ 2 盆石榴，还能降低空气中的铅含量，可吸收室内的二氧化硫。

13. 米兰

别名树兰、米仔兰、鱼子兰，楝科米兰属常绿灌木或小乔木。原产亚洲南部。喜温暖湿润和阳光充足环境。常用压条和扦插繁殖。对于剧毒的氯气有一定的吸收和积累能力。

14. 栀子花

又名栀子，茜草科栀子属常绿灌木或小乔木，原产中国。可用播种、扦插、压条、分株法繁殖。栀子花对二氧化硫有抗性，并可吸硫净化大气。

随着装修档次的升级，室内污染也越来越受到人们的重视，装修花卉既能扮靓居室，又能吸收装修后的有害气体。装修花卉正成为人们新的选择。

巧妙装修，治理噪声

目前，关于大气、水、食品和噪声污染的报道相对较多，前几项已引起人们的关注，因为人们对这几项污染有切肤之痛，而噪声污染好似无关人体的健康，因此没有受到应有的重视。其实，辛苦工作了一整天，回到家中肯定是想拥有一个安静的环境，好好休息，如果被噪声干扰，必定心烦气躁，同时，噪声还有损于身体健康。

如今，几乎所有住户都有这样的困扰：楼上住户的脚步声让人心烦，夜深人静隔壁还在看枪战大片……对此，专家指出，通过装修可以有效解决噪声问题。比如，用专业的隔声材料做专门的隔声吊项；用矿棉、玻璃棉、聚酯吸音棉等处理四面墙壁，将墙角设计成书架、CD架或摆饰架；用吸音棉、吸音板包裹各种管道等等。由此可知，通过装修手段可以消除家庭噪声。

1. 预防居室隔声不良

声波撞击到墙体一侧后会引起结构的振动，振动的墙体又会将声音辐射到另一侧去。如果墙体很薄，吸声性能很差，容易共振，就会发生隔音不良的现象。

一般来说，地面使用实木地板，隔音效果比较好。在地面或者通道部分铺地毯也能够降低噪声，使用专业的隔声材料做吊顶，能够隔断楼上传来的声音。室内 90% 的外部噪声是由门窗传进来的，因此，选择隔音好的门窗非常重要。越厚的窗帘吸声效果越好，棉麻质地最佳，因此，室内的窗帘等可以选用较厚的棉麻产品。在临街的窗台与阳台上摆放一些枝叶较多的绿色植物，也能较好地降低噪声。

2. 消除室内噪声

（1）减少墙壁光滑度。如果墙壁过于光滑，室内出现的任何声音都会在接触光滑的墙壁时产生回声，增加噪声的强度。因此，可选用吸声效果较好的壁纸等装饰材料，或者利用文化石等装修材料将墙壁表面弄得粗糙一些，从而降低声波的多次折射，减弱噪声。

（2）室内光线要柔和。地板、天花板、墙壁等过于光亮，会干扰人体中枢神经系统，让人感到心烦意乱，并使人对噪声显得格外敏感。因此，室内装饰应注意光线柔和。

（3）木质家具能吸收噪声。木质家具有纤维多孔性的特征，能吸收噪声。但家具不宜过多或过少，过多会因拥挤发生碰撞，增加声响，过少会使声音在室内产生共鸣。

（4）布艺巧隔音。布艺有较好的吸声作用。试验表明，窗帘、地毯等悬垂与平铺的织物都有较好的吸声作用和效果。为防止外界噪声侵入室内，将临街的窗户改成隔音窗非常有效，使用隔音窗是隔绝外界噪声的好办法。此外，选用中空玻璃也能有隔音效果。

走出防污治污的误区

专家指出，在消费者的防污治污观念中普遍存在着以下误区。

1. 认为治理室内污染就是消除甲醛

甲醛主要来自人造板材、家具和装修中使用的黏结剂以及地毯等合成织物，浓度超标会引起恶心、呕吐、咳嗽、胸闷、气喘甚至肺气肿，是室内空气的主要污染物之一。因为它是室内污染的“头号杀手”，因而认知度较高。许多消费者认为消除室内污染就是消除甲醛，其实不然。除了甲醛之外，室内污染物还有来自建筑装修材料中的大量化工材料，如涂料、溶剂、稀释剂、黏结剂中的苯系物，如苯、甲苯、二甲苯等。长期吸入苯浓度较高的空气易引起苯的慢性中毒，引发过敏性皮炎、喉头水肿及血小板下降，严重的还可能导致再生障碍性贫血。

2. 单纯依靠通风

大多数人都知道新房装修后的半年内要先通风再入住，通风有助于甲醛、苯等有害物质的释放。但是甲醛的释放期在 5 年以上，最长可达 15 年，苯系物的释放期也在 6 个月到 1 年。通风半年并不能使有害物质完全挥发，况且大多数人在新房装修好后往往通风不足 3 个月就搬入新居。

3. 过分依赖植物

专家清指出，有的消费者在新装修的居室中放置吊兰、芦荟等植物，这些植物对不同的有害气体有一定的吸附和分解作用，但植物作用的特点是速度慢、时间长，且吸附分解量十分有限，对于装修量大的居室来说，其效果几乎可以忽略不计。

4. 忽视家具造成的室内环境污染

许多消费者只注意到了装修过程中各种建材造成的室内环境污染，殊不知家具也是污染源。家具中的黏结剂、甲板、油漆等也会释放出甲醛等有害气体。消费者在购买家具时应该注意不要购买有异味的家具，最好到正规的家居商场购买正规品牌的家具。

5. 盲目依靠空气清新剂

不少消费者以为空气清新剂能够消除甲醛等有害气体，实际上空气清新剂或空气清新机只能用其香型气体掩盖有异味的有害气体，而不能将其吸附或分解。

6. 先装修后治理

许多消费者在家装完毕后才开始真正考虑家装污染问题，事后采取补救措施往往达不到最好的效果。在装修过程中用甲醛清除剂及胶用除醛剂对材料中的甲醛进行彻底清除，使用装修除味剂等除味产品对苯系物等进行彻底处理，经过这样处理的建材，装修后绝大部分都能达到国家规定的环保标准。

选择环保材料，杜绝家装污染

选择达标的环保材料是确保家装不受污染的基础。对于业主来说，要监督装饰公司不能使用那些明令禁止的材料，比如沥青，在一些装修中仍被作为防水材料使用，而实际上，沥青已经被明令禁止使用，另外还有 801 胶水、工业腻子等等。

业主选择材料时重点应注意以下几个方面。

1. 地面材料

家庭装修中的地面材料最应该得到重视，因为地面材料是家庭室内装修中面积最大的装饰材料，也是装修中费用较高和主要影响室内环境的装饰材料。

地面材料一般分为实木地板、人造地板（包括复合地板、实木复合地板等）、石材瓷砖三种。这三种材料会造成各自不同的室内环境污染问题，实木地板的油漆会造成挥发性有机物和苯的污染，人造地板更多的会造成甲醛污染，而瓷砖类材料的放射性污染也是不容忽视的，因此没有绝对的孰优孰劣，关键还是如何选择的问题。

实木地板，使用天然木材，可以说基本上不含有害人体健康的物质，唯一的问题在于其表面油漆会带有少量的有害物质。选择信誉好的知名品牌，并向商家索要权威机构的检测报告，一般就不会出什么大问题。

复合地板，又称为强化地板，其中甲醛释放量是一个比较重要的指标。甲醛在复合地板生产过程中不可或缺，如果生产工艺控制不好，地板内的游离甲醛含量就会增加，释放出的甲醛就会超标，严重影响人体健康。

石材瓷砖要注意它们的放射性污染，特别是花岗岩、大理石等天然石材，放射性物质含量比较高。对于此类材料，如果经销商没有检测报告，尽量不要选择。

2. 墙面涂饰

油漆和涂料最好选用水性的，价格可能会稍高一些。另外，颜色不要选择过于鲜艳的。颜色越鲜艳的，油漆和涂料中的重金属物质含量相对越高。

在进行墙面涂饰工程时，要进行基层处理，涂刷界面剂，以防止墙面脱皮或者裂缝，可是一些施工人员采用涂刷清漆进行基层处理的工艺，而且大多选用了低档清漆，在涂刷时又加入了大量的稀释剂，无意中造成了室内严重的苯污染，由于被封闭在腻子和墙漆内，所以会很长时间在室内挥发，不易清除。

3. 选购家具

在购买家具时，业主可以用最简易的办法来检测家具甲醛是否超标，打开柜门将头探入，如果眼睛感觉明显刺激，或者气味呛人，甲醛超标的可能性就很大了。

规避室内环境检测误区

大部分单位每年或者每两年会为员工进行一次医院体检，其实业主也应该给新装修的房屋做个“体检”，特别是一些有孕妇或者小孩的家庭。

如何正确看待室内环境检测本身及结果，大多数人会有认识误区，在这里我们要特别地提醒业主们要注意规避。

1. 购买的都是环保材料，室内环境不需要检测

不少业主认为，购买的都是绿色环保材料，装修后的室内环境肯定合格，不需要再对室内环境进行检测了。

实际上，市场上的装修材料鱼目混珠，检测报告也有送检和抽检之分，生产厂家的检测报告多为送检报告，只能证明送检产品合格。即便是抽检，其代表性也极其有限，未必代表业主购买的那批材料是合格产品。

另外，即便所购材料的确为环保型，也只能说明其有害物的释放量在一定的界限范围内，并非不含有害物质。如果在室内超量使用，仍然会导致空气中有害物质超标。

即便装修所使用的每一种材料都达到环保要求，但是因为家庭装修所使用的材料有几十、上百种，积累在一起势必造成释放出的有害物质总量增大，从而形成所谓的“叠加污染”。

2. 相同的装饰公司，类似的装修材料，环境检测结果应该相差无几

现实中有一些业主，根据朋友的推荐选择了相同的装饰公司，主要材料品牌也是参考了朋友家的选择，装修结束后便不再去考虑环境检测问题了，因为他们认为朋友家已经检测合格，自己家没有必要再检测，再多此一举。

实际上，即使是同样的房间、同样的设计、使用同样的主材，最终检测结果也会存在较大差异。因为装修毕竟是手工操作，装修材料用量不可能完全一致；另外主材一样，辅材不可能也一样，更多的时候辅材最容易出问题；并且房间的通风条件等情况也不可能完全相同。

房屋里不同的房间选取检测点，结果都会大相径庭，检测时多数会选择卧室和儿童房的两个检测点。如果一间房间面积较大时，不同位置的检测点也可能有明显差异，因此检测规范对大面积房间的检测点数都有相应的规定。

3. 装修结束后应该立即进行检测

有的业主“积极性”非常高，新房刚装修完没几天，就赶紧请来检测单位对房屋进行空气质量检测。

其实，业主完全没有必要这么操之过急。一般来说，装修材料散发有害物质的量，随着时间呈下降趋势。家庭装修结束后一个月左右，空气质量相对比较稳定，此时开展检测工作比较好。

另外这一个月左右的时间里，尽量保证充足的通风，以利于有害物质的散发，这样检测的结果才能真实反映业主当下的房屋环境状况，为以后的治理提供准确的信息。

4. 工程验收检测合格，就可随便使用

工程验收的室内环境检测是监控建筑与装修工程中所用建筑、装修材料产生的室内环境污染，检测结果合格只代表在封闭 1 小时的情况下，由装修材料导致的空气中的污染物质会小于界限值。投入使用后，由于室内条件发生变化，由外购家具、生活起居等带来其他污染源，也会导致室内环境状况有所变化，不能认为彼时合格，此时一定合格。如果要了解使用时的室内环境情况，家庭检测时建议封闭 8 ~ 10 小时，检测结果更接近真实。

5. 居室内感觉不到有难闻的气味，就不存在污染

对此，要说明两点：

第一，不同污染物有不同的气味，人们对于不同气味的敏感程度因人而异，且相差甚远。例如，多数人的甲醛嗅感阈为 0.06 ~ 0.07 毫克 / 米 ^{3}，而有的人可高达 2.68 毫克 / 米 ^{3}，这种人虽然感觉不到气味，但同样会受到伤害。

第二，并非所有发出气味的物质都在室内环境检测要控制的范围内。换句话说，就是有异味，也并不代表室内环境检测一定不合格。

6. 外界环境与我无关

空气是流动的，只要存在污染源，就会对周围的环境产生不良影响。一个房间有了新污染源，如购进家具，也会影响相邻房间的空气质量。同样，如果一个家庭正在装修，也多少会对相邻家庭产生一些影响，而建筑物公共部位（如楼梯、走道、外墙）的粉刷、油漆等对其中住户的影响更加明显。很多情况下，室内环境并不仅局限于室内。

说一千，道一万，只有业主对室内环境污染问题引起高度重视，才能预防各种污染的发生，让家庭成员健康幸福地生活。

雨季装修，谨防室内污染

在气压低、空气潮湿的阴雨季节里，不但无风，而且通风效果不佳，因此，雨季装修的室内空气污染更加严重，应该更加引起重视。

1. 导致室内环境污染更加严重的原因

雨季装修室内空气比其他季节更容易造成污染。除了由于气压低、空气潮湿、通风效果不佳等原因之外，还有如下几种原因。

（1）在天气闷热，湿度大的雨季里，装修材料中的一些有毒有害气体的释放量会增加。因为相关研究已表明，室内温度达到30℃时，室内有毒有害气体的释放量最高。

（2）一些特殊的装修工序需要进行防潮、防湿和防尘处理，比如油漆家具和涂饰墙壁时，便需要紧闭门窗，这样容易导致室内污染物大量积聚。即便是把门窗全部打开，然而由于阴雨天气压低，室内外空气的正常对流减弱，导致室内通风状况不佳，装修材料中释放出来的一些有毒有害气体也就难以尽快消散。

（3）在雨季天气里，为保护刚油漆或涂刷好的门、窗及墙面、顶棚等不受蚊、虫等的破坏，还需要灭蚊、灭虫、杀菌，这样也就给室内空气带来了新的污染源。

2. 室内空气的污染源

室内空气污染除了天气因素以外，还存在诸多的其他污染源。

（1）建筑物自身的污染。很多的施工单位在冬季施工中会使用混凝土防冻剂，此防冻剂会随着夏季气温的升高及湿度的加大，从墙体中缓慢释放出“隐形杀手”——氨气，严重的话会造成室内环境中氨浓度超标，直接危害到入住人的身体健康。

（2）室内装饰装修材料。环保部门调查表明，建筑装饰材料中油漆、胶合板、刨花板、内墙涂料等具有毒气污染的材料占60%以上，它们其中含有的甲醛、苯等气体都对人体有害。

（3）室内家具造成的污染。家具的黏结剂及板材中都含有甲醛等有毒气体。雨季施工时，由于室内通风状况不佳，使家具造成的空气污染难以及时消散净化，这样也会对人体健康造成不良影响。由此可见，家具也是造成室内污染的一大源头。

3. 雨季室内环境污染问题的解决

对于解决雨季室内环境污染这一问题，中国室内装饰协会室内环境监测中心的专家提出以下建议：

（1）在装修材料上要注意选择。应选择正规厂家生产的无毒和少毒的装饰材料。

（2）请正规的家装公司施工，并在签订装修合同时提出附加有关室内环境标准的条款，交工时要求提供室内空气质量检测报告。

（3）在施工中应尽可能佩戴防毒器具，尽量不要在油漆现场过夜，同时要做好装修房间的通风和空气净化。有条件的情况下要尽量多通风，如没有条件可选用室内通风装置和降低室内有害气体的空气净化装置。

（4）做好装修房间室内环境的检测和治理。